茶经

全新评注彩图版

（唐）陆羽—著　施袁喜—译注

作家出版社

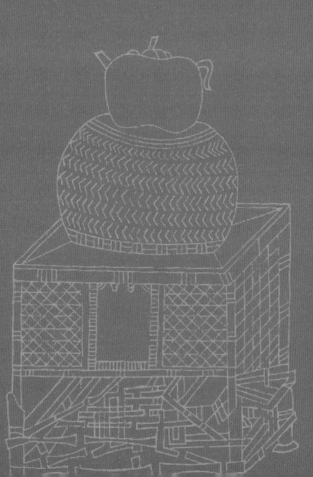

图书在版编目（CIP）数据

茶经 /（唐）陆羽著；施袁喜译注. -- 北京：作家出版社，2023.1 （2023.7 重印）

ISBN 978-7-5212-2123-7

Ⅰ.①茶… Ⅱ.①陆… ②施… Ⅲ.①茶文化 – 中国 – 古代 ②《茶经》– 译文 ③《茶经》– 注释 Ⅳ.①TS971

中国版本图书馆CIP数据核字（2022）第220637号

茶　经

作　　者：（唐）陆羽

译　　注：施袁喜

责任编辑：杨兵兵

装帧设计：今亮後聲 HOPESOUND 2580590616@qq.com · 任晓宇

出版发行：作家出版社有限公司

社　　址：北京农展馆南里10号　　　邮　　编：100125

电话传真：86-10-65067186（发行中心及邮购部）

　　　　　86-10-65004079（总编室）

E-mail:zuojia@zuojia.net.cn

http://www.zuojiachubanshe.com

印　　刷：北京盛通印刷股份有限公司

成品尺寸：170×210

字　　数：197千

印　　张：16

版　　次：2023年1月第1版

印　　次：2023年7月第2次印刷

ISBN 978-7-5212-2123-7

定　　价：58.00元

目 录

《茶经》的诞生

天下学问，必从基础文献开始。对中国优秀传统文化的研究，尤其是茶学研究，《茶经》是基础的基础；中华茶人，怎能不识陆羽呢？

众所周知，茶兴于唐，因而有陆羽。于茶界而言，没有陆羽，如天不生仲尼，万古如长夜。那么，陆羽是谁？

陆羽（约733—约804），字鸿渐，又名疾，字季疵，号竟陵子、东冈子，又号茶山御史，自称桑苎翁，世称陆处士、陆文学、陆三山人、东园先生等，因撰写《茶经》影响后世，被誉为"茶仙"，尊为"茶圣"，祀为"茶神"。

《新唐书》和《唐才子传》记载，公元733年前后，某日，复州竟陵（今湖北天门），西门外西湖之滨，嗜茶的龙盖寺住持智积禅师捡到一个男孩，抱回寺中，抚养长大。

智积喜茶，男孩耳濡目染。青灯黄卷，冬去春来，在茶趣与禅机中，男孩成长为少年陆羽，识文断字，天资奇高；学会煮茶，志向远大，未及削发为僧便离开寺庙，勇闯天涯。

茶与禅，是陆羽远游的本事，也是追求的目标。以茶修禅，飞蓬自远，四海为家，自修修人。研学路上，漂泊途中，幸遇一官，乃茶道中人，得赠茶学珍贵资料，如虎添翼；又遇一富商，受其资助，考察全国茶业，以事无巨细、言之有物的田野调查笔记，系统地记录了茶区分布、茶质优劣、各地制茶异同、茶的产销及饮茶方法等。

如此躬身问茶，几番春夏秋冬。通过实地考察，调查与研究，倾心志于茶事，陆羽豪情万丈，不顾空空的行囊。然而，天宝多战事，他身处的大唐遭逢"安史之乱"，动荡得容不下一张书桌。

纵情山水，纵浪大化。764年后（据"四之器"所述鼎制"风炉"，炉脚铸有古文"圣唐灭胡明年铸"七字。"灭胡"指唐王朝平定史称"安史之乱"的安禄山、史思明叛乱的763年，第二年也就是764年。一说因此推断《茶经》成书时间在764年后），陆羽逐步结束了访茶问水、流寓江海的生活，隐居某地（一说为苕溪、青塘别业、妙喜寺，皆在浙江湖州；一说为信城，即今江西上饶），数年一日，著述《茶经》。

唐德宗建中元年（780），几经修订的《茶经》正式刊行，横空出世，据说深得时任皇帝李适赞赏。陆羽名利双收又弃名淡利，隐居某地，偶与诗友唱和，卒后埋骨杼山，与名僧皎然墓相对，一俗一僧，各留佳话。《全唐诗》卷三〇八收录了他的两首诗，一首为《会稽东小山》："月色寒潮入剡溪，青猿叫断绿林西。昔人已逐东流去，空见年年江草齐。"另一首是《歌》——

不羡黄金罍，

不羡白玉杯。

不羡朝入省，

不羡暮入台。

千羡万羡西江水，

《陆羽烹茶图》。

——

元代，赵原绘，台北故宫博物院藏。阁内一人坐于榻上，当为陆羽，一童子拥炉煮茶。陆羽，字鸿渐，复州竟陵（今湖北天门市）人，被誉为"茶圣"。《新唐书》和《唐才子传》记载，陆羽幼时因其相貌丑陋而成为弃儿，后被龙盖寺住持智积禅师在竟陵西门外西湖之滨拾得并收养。乾元元年（758），陆羽在升州（今南京）钻研茶事。上元初年（760），至苕溪（一言今浙江湖州）隐居。其间，陆羽经常与当地名家皎然、朱放等人论茶。后来，陆羽著《茶经》，皎然著《茶诀》。唐代宗曾诏拜陆羽为太子文学，又徙太常寺太祝，皆未就职。

曾向金陵城下来。

不名一行，不滞一方，通篇无"茶"，处处行茶。他在
人间活了六七十年，留下一部《茶经》，一切便都留下了。

《茶经》的内容

作为世界上的第一部茶书，《茶经》三卷十篇，七千余字，以"源""具""造""器""煮""饮""事""出""略""图"篇，详述茶的起源、制茶工具、茶的采制、饮茶器具、煮茶流程、茶的饮用、历代茶事、茶叶产地、茶具省用。

卷上讲茶的起源、制茶工具、茶的采制，具体如下：

一、之源：即茶的起源。第一段讲作为南方名木的茶树，它的形状；第二段讲"茶"字的文献出处、茶的称谓与别名；第三段讲生长环境，"烂石"之中，"阳崖阴林"紫色茶叶为上；第四段讲茶的功效，并以人参比喻，强调茶的功效因产地品质不同而各异。

二、之具：即采茶与制茶过程中所使用的器具。详细介绍了十六种采制工具。

三、之造：即茶的采制工艺。第一段讲茶叶采摘，讲究采茶的时令、气候等。其中的"凌露采""晴采"等古法采茶历千年传承至今，茶叶从采摘到封装要经过七道工序——"采之、蒸之、捣之、拍之、焙之、穿之、封之"，最后讲从茶饼形态到品鉴茶品，可分为八个等级。

卷中单讲二十五种饮茶用具。

四、之器：即煮茶和饮茶过程中所使用的器皿。从"风炉"到"都篮"，详细介绍了二十五种饮茶器具（即通常意义上的"陆氏二十四茶器"）的形状、用途及使用方法。

卷下讲茶的烹煮、饮用、茶俗、茶事、茶产区、茶具省用等，具体如下：

五、之煮：即煮茶（也作烹茶、煎茶，今已不确分，统一为煮茶）。从烤茶饼、取水到煮茶，详细介绍了煮茶的具体步骤及注意事项。如烤饼茶不要在通风的余火上烤，火苗不稳定。最适合煮茶饼的材料是木炭，其次是用桑、槐、桐、枥之类的柴。煮茶的水，山水最好，江河水次之，井水最差。煮茶时不宜多水，"三沸"煮茶，以味美而绵长的"隽永"为最高标准。

六、之饮：即饮茶。介绍唐代之前的饮茶传统，从上古神农氏发现茶叶至今，鲁周公、晏婴、扬雄、司马相如、韦曜、刘琨、张载、陆纳、谢安、左思等人，历朝历代，嗜茶之人不绝；西安、洛阳、江陵、重庆等地，家家户户，饮茶之风绵延。饮用之茶的选择、煮茶工序，更是马虎不得。

七、之事：即与茶有关的记载。钩沉史籍，记录茶事。从远古神农氏到当朝徐世勣，追述茶与人的悠久传统；摘录《神农食经》《诗经》《搜神记》《方言》《世说新语》等历代文献中关于茶的描述，记录了古今茶事、产地等；《枕中方》《孺子方》中还记载了茶疗积年瘘疮和小儿惊厥的秘方。

八、之出：即茶的出处、产地。把唐代全国茶区分布归纳为山南、淮南、浙西、剑南、浙东、黔中、江南、岭南道等八大茶区，兼及各茶区所产茶叶的优劣。

九、之略：即茶具省用。制茶与煮茶的工具，可以根据实际需要和现实环境，调整、省用某些用具。

十、之图：即茶图。最后一篇，作者希望茶人把《茶经》的九大内容抄写在绢素上，张挂座侧，"目击而存"，以便随时查阅并铭记在心。

《茶经》。

—

唐代，陆羽著。世界上第一部有关茶的专著。书中的插图是后人所绘，分别是：韦鸿胪（茶笼）、木待制（木椎）、金法曹（茶碾）、石转运（茶磨）、胡员外（茶杓）、罗枢密（茶罗）、宗从事（茶帚）、漆雕秘阁（茶托）、陶宝文（茶盏）、汤提点（汤瓶）、竺副帅（茶筅）和司职方（茶巾），等等。

韦鸿胪（茶笼）　　　　木待制（木椎）　　　　　金法曹（茶碾）　　　　　　石转运（茶磨）

胡员外（茶杓）　　　　罗枢密（茶罗）　　　　　宗从事（茶帚）　　　　　　漆雕秘阁（茶托）

陶宝文（茶盏）　　　　汤提点（汤瓶）　　　　　竺副帅（茶筅）　　　　　　司职方（茶巾）

《茶经》的影响

作为中国茶文化的源头之作，陆羽所著《茶经》三卷具有划时代的里程碑意义，其对茶的性状、品质、产地、种植、采制、烹饮、器具、茶史、茶事等皆有精炼论述，是世界上第一部茶叶全书。《茶经》洋洋七千余言，对华夏文明乃至世界茶文化的影响，堪比老子《道德经》，字字珠玑，价值万金。

读得懂、用得上的科技类书籍，往往更能流传，也更畅销。《茶经》字数不多，却高度洗练，且内容聚焦，专题行之，及时有效。甫一问世，即在当时高效地传播了茶业的科技文化知识，促进了茶叶的生产和销售，开启了中国茶道的先河；延至宋代，泱泱大观，茶趣风雅，圆悟克勤禅师在湖南夹山著《碧岩录》并悟出茶禅一味之道，据传曾手书"茶禅一味"四字，后被前来参学的日本遣唐使荣西禅师（著有《吃茶养生记》，被称为全世界有史以来的第二部茶书），至今圆悟手书原迹仍收藏在奈良大德寺，日本茶道因此也有"茶禅一味"的说法；明清时期，《茶经》被多次刊刻印行，多种版刻广为流传，陈鉴《虎丘茶经注补》、陆廷灿《续茶经》更是直接采用《茶经》"一之源""二之具"等篇目体例增补内容。

《茶经》影响世界，尤其对日本茶道更有根源性的影响。陆羽把饮茶看作是"精行俭德"之人进行自我修养和陶冶情操的精神操练，是最早的"禅茶一味"，是中国文化对世界文明的一大贡献；《茶经》记载流传的全套"陆氏二十四器"与完整的煮茶、饮茶程序，依旧指导着现代茶道文化和饮茶生活。

《茶经》记录的茶疗法以茶入药，在中西医学领域皆产生重大影响。中医发现茶的独特功效：提神、消食、祛风解表、安神、醒酒、健齿、明目、去油腻、延年益

潔性可養不可污
禅茶不二癸巳七月 山陽 秦平寫於墨禅室

禅茶不二。

——

现代，侯素平绘。茶叶最初于寺院中盛行，之后推广到平民百姓，形成源远流长的茶文化。佛教中讲"禅茶一味"，荣西禅师提倡饮茶，并寻访各地饮茶风俗，结合佛学经典，将禅宗道义融入茶道。荣西禅师是将茶普及日本的第一人。

寿、清热解毒等；西医则借助精密分析仪器，运用生物化学、现代医学等理论对茶叶化学成分进行分析，发现茶叶中含有茶氨酸、茶多酚等500多种化学成分，具有抗辐射、抗癌、抗突变、抗氧化、防高血压、防心脑血管疾病、降血糖等作用。

时至今日，《茶经》的世界影响，早已超越了时代、地域、族群、国家。只此一叶，功莫大焉！如此茶书，不只说理，而且说明，自身足具史料、科技、文化审美价值，必将流芳千古。

巻上

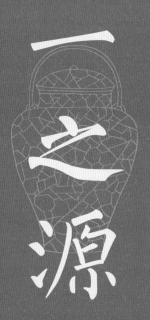

一之源

【原文】

茶者，南方之嘉木^①也。一尺、二尺乃至数十尺^②。其巴山峡川^③有两人合抱者，伐而掇之^④。其树如瓜芦^⑤，叶如栀子^⑥，花如白蔷薇^⑦，实如栟榈^⑧，蒂如丁香，根如胡桃（瓜芦木，出广州^⑨，似茶，至苦涩。栟榈，蒲葵之属，其子似茶。胡桃与茶，根皆下孕，兆至瓦砾^⑩，苗木上抽）。

【译文】

茶树，是我国南方地区的优良树木。高一尺、二尺，甚至几十尺。在巴山峡川一带生长着需要两个人才能合抱的茶树，只有砍下枝条才能采摘到茶叶。茶树长得像瓜芦，树叶像栀子叶，花像白蔷薇花，果实像棕榈树籽，花蒂像丁香结，树根像胡桃树的根（原注：瓜芦木产于广东，外形像茶，但味道苦涩。栟榈属蒲葵类植物，种子像茶籽。胡桃和茶树的根系都在地下生长发育，只有遇到硬土层逆向发展撑裂土层，树苗才能向上生长）。

【注释】

①嘉木：优良的树木。嘉，同"佳"。②尺：唐代长度计量单位，分为大尺、小尺。大尺长约29.71厘米。一小尺二寸为一大尺。这里指大尺。③巴山峡川：巴山，绵延于甘肃、四川、重庆、陕西、湖北五省市边境山地的总称，也即广义的大巴山；峡，巫峡山、巫山及周边群峰；川，即长

茶树。

清代水彩画。图中可见"白
蔷薇"一样的茶花。

丁香。

十九世纪日本绘本《本草图
汇》。《茶经》讲到茶树"蒂
如丁香，根如胡桃"。

江。 峡川即长江三峡段，包括瞿塘峡、巫峡和西陵峡，
从重庆奉节白帝城开始至湖北宜昌南津关结束，具体位置
为今四川东部、湖北西部地区。④ 伐而掇（duō）之：砍
下枝条并拾捡采摘。⑤ 瓜芦：一种叶如茶叶但味苦的树
叶，即皋芦，又名高芦、皋卢，当地人称为"苦丁"，广
泛分布于今云南、四川等地，具有清热、除烦、止渴、明
目、消胀、久泄或心脾不适之功效，是清热解毒的中药之
一。"苦丁茶"是清凉解毒的药，不是茶。⑥ 栀子：别名
黄栀子、山栀、白蟾，是茜草科栀子属灌木，植物栀子
的果实也称作"栀子"，是传统中药之一，属药食两用资
源，具有护肝、利胆、降压、镇静、止血、消肿等解热消
炎的作用。在中医临床常用于治疗黄疸型肝炎、扭挫伤、
高血压、糖尿病等症。含番红花色素苷基，可作黄色染
料。⑦ 白蔷薇：直立灌木植物，花排列成伞房状，萼筒
光滑，萼片卵状披针形，有羽状裂片，外被腺毛；花瓣单
或重瓣，白色或粉红色，有香味。有观赏价值，可提取
香精。⑧ 栟（bīng）榈：棕榈树。⑨ 广州：唐代称广东
为广州，乾元元年（758）以南海县（今广东佛山）为治
所。⑩ 根皆下孕，兆至瓦砾：植物根系往土壤深处生长
发育，茶树生长时根将土地撑裂。兆，原指古人占卜的
龟甲因烧灼而龟裂，意为裂开。瓦砾，喻指坚硬的土地。

《蜀山栈道图》轴。

五代，梁关仝绘，纸本设色，140.4厘米×66.6厘米，台北故宫博物院藏。关仝画作笔法简劲，气势极壮，图中表现出峡川一带山川的特点和雄伟气势。在《茶经》中，此地的茶树树干粗大，大到需要两人方能合抱。

【原文】

其名，一曰茶，二曰槚^①，三曰蔎^②，四曰茗^③，五曰荈^④。(周公^⑤云："槚，苦茶。"扬执戟^⑥云："蜀西南人谓茶曰蔎。"郭弘农^⑦云："早取为茶，晚取为茗，或一曰荈耳。")

【译文】

茶的名称，一称"茶"，二称"槚"，三称"蔎"，四称"茗"，五称"荈"。(原注：周公说："槚，就是苦茶。"扬雄说："四川西南部的人称茶为蔎。"郭璞说："较早采制的称为茶，较晚采制的称为茗，也有称为荈的。")

【注释】

① 槚（jiǎ）：本指楸树，因其形似，这里作为茶树的别称。② 蔎（shè）：本为香草名，南朝梁顾野王所著《玉篇》："蔎，香草也。"这里是茶的别称，在中国西南地区诸多少数民族地区民族古语中传承使用至今。③ 茗：茶的别称。宋代徐铉校订《说文解字》时补入："茗，茶芽也。"④ 荈（chuǎn）：茶的别称，三国时期"茶荈"常联用。⑤ 周公：姓姬，名旦，周文王姬昌第四子、周武王姬发的弟弟，因以周地（今陕西岐山北部）为采邑，爵为上公，故称周公。周公曾两次辅佐周武王东伐纣王，并制作礼乐。作为西周初期杰出的政治家、军事家、思想家、教育家，商末周初的儒学奠基人，周公被尊为"元圣"，一生的功绩被《尚书·大传》概括为："一年救乱，二年克殷，三年践奄，四年建侯卫，五年营成周，六年制礼乐，七年致政成王。"周公摄政七年，完善了宗法制

《卢仝烹茶图》。

宋代，刘松年绘。描绘了卢仝得自好友、朝廷谏议大夫孟简送来的新茶，当即烹尝的情景。卢仝是唐代诗人，自号玉川子，范阳（今河北涿州）人，家境贫寒，读书刻苦，不愿入仕，以好饮茶誉世。图中头顶纱帽，身着长袍，席地而坐者，当为卢仝。

度、分封制、嫡长子继承法和井田制。周公七年归政成王，正式确立了周王朝的嫡长子继承制，以宗法血缘为纽带，把家族和国家、宗教和伦理融合在一起，为周朝八百年的统治奠定了基础，对后世家国天下观的形成产生了深远的影响。⑥扬执戟：即扬雄（前53—18），字子云，西汉蜀郡人，文学家、语言学家、哲学家，著有《方言》《法言》《太玄》等书，曾官拜给事黄门郎，王莽改制时校书天禄阁。⑦郭弘农：即郭璞（276—324），字景纯，河南郡闻喜（今属山西）人，东晋著名文学家、训诂学家、风水学者、游仙诗祖师，嗣后被追赠为弘农太守，注释过《方言》《尔雅》等字书。

周公。

选自《历代帝王圣贤名臣大儒遗像》。姬姓，名旦，周武王姬发的弟弟，制作礼乐制度。周公是西周初期杰出的政治家、军事家，创建了以宗法血缘为纽带的宗法制。这一制度的形成对中国封建社会产生了极大的影响，同时也奠定了周朝几百年的统治基础。

万安寺茶牓。

———

拓本，溥光撰并书。茶牓，原为寺院举办茶会时发布的告示，基本内容为"某人因某事于某时某地举办茶会，邀请某人参加"。至宋元时期，茶牓由枯燥的公文体发展为具有艺术美的骈体文、诗词等。宋元时期，茶牓仅限于方丈、监院、首座使用，一般在四时节庆、人事更迭、迎来送往等重大的礼节性茶会时张贴，对内容、材质、字体、行格、书写者等都有相应的要求。此为戒坛寺石刻，万安寺茶牓。妙应寺俗称白塔寺，始建于元朝，初名大圣寿万安寺，位于中国北京市西城区，是一座藏传佛教格鲁派寺院。

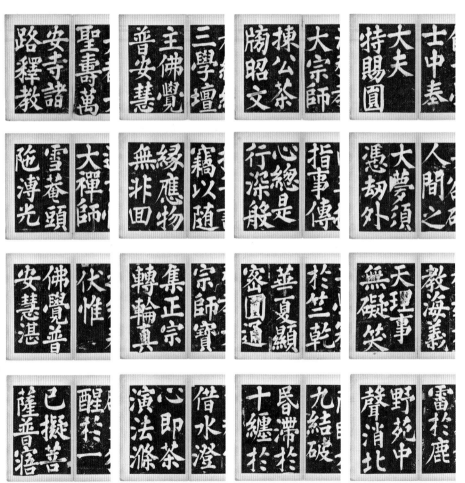

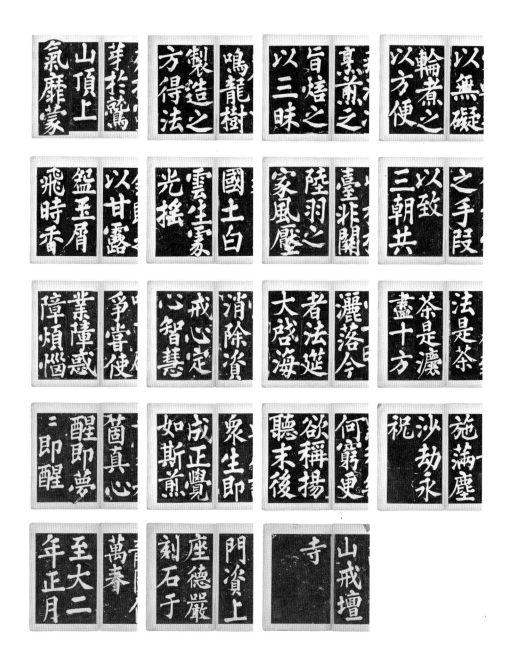

山頂上
氣靡蒙

製造之
方得法
鳴龍樹

享蕭之
旨焙之
以三昧

輪煮之
以方便
以無礙

盥玉屑
飛時香
以甘露

國土白
雲生霧
光搖

陸羽之
家風壓
臺非關

之手段
以致
三朝共

業障惑
障煩惱
爭嘗使

戒心定
心智慧
消除資

者法延
大啓海
灑落今

茶是濾
盡十方
法是茶

醒即夢
茵真心
三即醒

成正覺
如斯煎
眾生即

欲稱揚
聽末後
何窮更

沙劫永
祝
施滿塵

至大二
年正月
萬壽

座德嚴
刹石于
門資上

寺
山戒壇

【原文】

其地，上者生烂石，中者生砾壤，下者生黄土。凡艺而不实^①，植而罕茂。法如种瓜，三岁可采。野者上，园者次。阳崖阴林^②，紫者上，绿者次；笋者上，芽者次；叶卷上，叶舒次^③。阴山坡谷者，不堪采掇，性凝滞，结瘕疾^④。

【译文】

茶树生长的土壤，以岩石充分风化的土壤为最好，有碎石子的砾质土壤次之，黄色黏土最差。如果茶苗种植或移栽技术不当没有踩实土壤，栽下去也很少有长得茂盛的。栽茶如栽瓜，三年后可以采摘。在山野里自然生长的茶树，茶的品质最好；在园圃栽种的次之。在向阳的山坡上有树荫遮蔽的茶树，叶芽呈紫色的是上品，绿色的次之；叶芽像竹笋的茶品质最好，叶芽细弱的次之。叶芽初展卷曲的茶品质最好，叶片舒展平直的次之。生长在背阴山坡或山谷中的茶树，不能采摘茶叶，这种茶叶茶性凝结不散，喝了会使人腹胀生病。

【注释】

①艺而不实：种植或移栽时没有将土地踩实。艺，指茶苗种植、移栽技术；实，结实。②阳崖阴林：山坡向阳，有树林遮阴。③叶卷上，叶舒次：叶芽初展卷曲的为上品，叶片舒展平直的次之。④性凝滞，结瘕（jiǎ）疾：凝滞，凝结不散；瘕，腹中肿块，此处指难消食导致的腹胀。

《采茶图》。

——

清代外销画，现藏于法国国家图书馆。图中描绘的是清代山间种茶、采茶的情景。

【原文】

茶之为用，味至寒，为饮，最宜精行俭德^①之人。若热渴、凝闷、脑疼、目涩、四支烦、百节不舒^②，聊^③四五啜，与醍醐、甘露^④抗衡也。

【译文】

茶的功用，因其性寒凉，最适合品行端正、德行简朴的人饮用。如果发烧、口渴、胸闷、头痛、眼涩、四肢无力、关节不适，只要喝上四五口茶，如同喝了醍醐、甘露一样。

【注释】

①精行俭德：品行端正、德行简朴。精行，指行为合乎规矩，得体；俭德，德行简约，节俭，对自身要求很高。②百节不舒：人体各个关节都不通泰，不舒服。在中国古代典籍中，衣食住行与身体健康关系甚大，《吕氏春秋·开春》有言："饮食居处，则九窍百节千脉皆通利矣。"③聊：仅仅，略微。④醍醐（tíhú）、甘露：醍醐，酥酪上凝聚的油，味甘美；甘露，即露水，被尊为"天之津液"。二者皆为古代人心目中难得一见的至妙饮品。

【原文】

采不时，造不精，杂以卉莽^①，饮之成疾。茶为累^②也，亦犹人参。上者生上党^③，中者生百济、新罗^④，下者生高丽^⑤。有生泽州、易州、幽州、檀州^⑥者，为药无效，况非此者！设服荠苨^⑦，使六疾不瘳^⑧。知人参为累，则茶累尽矣。

【译文】

如果采摘的茶叶不适时，制作工艺不精细，掺入了野草败叶，饮用了这样的茶就会生病。茶也会对人体产生损害，和人参一样。上等人参产于上党，中等人参产于百济、新罗，下等人参产于高丽。产于泽州、易州、幽州、檀州的人参做药是没有疗效的，何况连它们都不如的呢！假如误把荠苨当人参服用，疾病无法痊愈。明白了人参对于人体的功用，也就知道了茶对人体的作用。

【注释】

①卉莽：野草，指杂草败叶。②累：损害、妨害，指副作用。③上党：唐代郡名，治所在今长治、长子、潞城一带山西东南部地区。④百济、新罗：唐代位于朝鲜半岛上的两个小国，百济在半岛西南部汉江流域，新罗在半岛南部。⑤高丽：唐代周边小国之一，位于今朝鲜半岛北部。⑥泽州、易州、幽州、檀州：皆为唐代州名，治所分别在今山西晋城、河北易县、北京市区北、北京市密云一带。⑦荠苨（jìnǐ）：即地参，一种根茎形似人参的药草，根味甜，可入药。⑧六疾不瘳（chōu）：

多种疾病无法痊愈。六疾，指人遇阴、阳、风、雨、晦、明所患的各类疾病，也指寒疾、热疾、末疾（四肢病）、腹疾、惑疾、心疾六种疾病。瘳，痊愈。

唐代茶碗。

纽约大都会艺术博物馆藏。唐代饮的是饼茶，饮用时需经烤、碾、筛三道工序。茶饼在存放中吸潮，烤干了才能逼出茶香。烘烤时用夹子夹住饼茶，尽量靠近炉火，时时翻转，至水汽烤干为止。烤干后，用碾将饼茶碾碎，将碎茶末用筛子筛后才能煮用。唐代茶具主要有碗、瓯（中唐时期一种体积较小的茶盏）、执壶、杯、釜、罐、盏、盏托、茶碾等。

追根溯源，开宗明义。《茶经》第一篇写茶之源，不脱中国古代典籍，尤其是经典作品谋篇布局之套路。"源"，本作"原"，指的是水的来处、水的源头。茶之本原，南方嘉木。"茶者，南方之嘉木也。"南方有嘉木，茶树是嘉木。这种树木，品种优良，"其巴山峡川，有两人合抱者"，这是最早记载中国野生古茶树资源的资料。由此引发"世界茶源"的不休争论，很多争论如"两小儿辩日"，没有实质性的意义。目前较为权威和倾向性的意见认为，野生茶树最早出现在中国西南澜沧江下游，四川、湖北等地也是可能的原产地。无论如何，两个人才能合抱的茶树，又大又古老，在长江流域山野大川中生长。

茶者，无论作为众树之一品种（"南方嘉木"），还是众饮之一妙品（"吃茶去"），或者仅字本身的象形会意（"人在草木间""草人骑木马"），都是很有些意思的，难得诗意，值得根究。

作为世界上第一部关于茶的专著，《茶经》开篇所定的调性，是一部实用的茶学指南。水有源，树有根，从水源、根源上溯，《茶经》从源头写起，一笔带过，并不纠结于文史考证与学术争议。

该怎么描述这种树呢？只能打比方：树如瓜芦，叶如栀子，花如白蔷薇，实如栟榈，蒂如丁香，根如胡桃。

接着讲，讲命名。引经据典，讲茶这种植物的来源，从字形解构、别称开始到茶树的生长环境，讲到了重点：烂石、砾壤、黄土，生长土壤有别，品质自然不同；"凡艺而不实，植而罕茂。法如种瓜，三岁可采。"种植和移栽技术非常重要；野者、紫者、笋者、叶卷上品，园者、绿者、芽者、叶舒次品；阳崖阴林出好茶，阴山坡谷不堪采……普及茶知识，使人明是非，知道什么是好的、什么是不好的。如何种茶，作者以"法如种瓜"一笔带过，因为他所在的唐代，群众流行"种瓜"，熟悉北魏贾思勰《齐民要术·种瓜第十四》记载的整地、挖坑、施肥、播种诸流程，不必赘言。

为什么要种，种它有什么用？茶的效用，是这一篇的又一个重点。《神农本草经》有"神农尝百草，日遇七十二毒，得茶而解之"的记载，陆羽以"醍醐、甘露"比喻茶，说它"味至寒"，适合"精行俭德之人"饮用，所谓"君子好茶"，其实不一定，谁不喜欢好东西呢，尤其是这种好东西还可以治病，治各种病。当然，是药三分毒，茶药同理，那些不按时令采摘、制作粗糙、不加选择的茶，简直就是毒药，不吃还好，吃了反而生病。

如何选择好茶，陆羽参考人参选优法，首选产地。水土不同，药性不一，古今同理。

综上所述，第一篇主要写茶的源头——茶树，其形态、植物性状、生长环境、栽培方法，以及"茶"字的名称、构造，饮茶对人体健康的利弊。

从上卷之"源"可以看出，陆羽使尽浑身解数，只为后世留下一部有实用价值的书。综述之，直陈之，说明之，提示之，启发之，实在不行，修辞之，《诗经》、楚辞、汉赋句式贯穿之，不愧"陆子"。

蔷薇。
—
选自《中国清代外销画》。维多利亚和阿尔伯特博物馆藏。

卷上

二之具

【原文】

籝①，一曰篮，一曰笼，一曰筥②。以竹织之，受五升，或一斗、二斗、三斗者，茶人负以采茶也。(籝，《汉书》音盈，所谓"黄金满籝，不如一经③"。颜师古④云："籝，竹器也，受四升耳。")

【译文】

籝：又名篮、笼、筥。用竹篾编织而成，能装五升，有的能装一斗、二斗、三斗，采茶的人背着它，用以装采摘的茶叶。(原注：籝，《汉书》注音"盈"，所谓"黄金满籝，不如一经"。颜师古说："籝，是竹制器具，能装四升。")

【注释】

①籝（yíng）：竹制的筐子、笼子、篮子等盛物器具。②筥（jǔ）：竹制品，圆形的盛物器具。③黄金满籝，不如一经：留给儿孙满箱黄金，不如留给他一本经书。语出《汉书·韦贤传》，指读典范著作的重要性。④颜师古（581—645）：名籀，字师古，以字行。雍州万年（今陕西西安）人，祖籍琅邪（今山东临沂），经学家、训诂学家、历史学家。颜师古是名儒颜之推之孙、颜思鲁之子，少传家业，遵循祖训，博览群书，学问通博，擅长文字训诂、声韵、校勘之学，是研究《汉书》的专家，谙熟两汉以来的经学史。

采茶运茶图。

中国自然历史外销画，约绘制于十八世纪。

【原文】

灶①，无用突②者。釜③，用唇口④者。

【译文】

灶：不用带烟囱的。釜：要用锅口外翻呈唇状的。

【注释】

①灶：春秋金文为"竈"，用于生火炊煮食物的设备。②突：烟囱。唐代常用没有烟囱的茶灶制茶，为的是使火力能够集中于锅底。③釜（fǔ）：古代炊具，相当于今天的锅。④唇口：敞口，指锅口外翻呈唇状。

汉铜灶

舟形青铜质灶，陪葬明器。

【原文】

甑^①，或木或瓦，匪^②腰而泥。篮以箄^③之，篾^④以系之。始其蒸也，入乎箄；既其熟也，出乎箄。釜涸，注于甑中（甑，不带而泥之）。又以穀木^⑤枝三桠者制之，散所蒸芽笋并叶，畏流其膏^⑥。

【译文】

甑：有木制的，有陶制的，筐一样的甑与釜的连接处，要用泥巴封住。甑内要用竹篮隔水，并用竹篾系着。开始蒸的时候，把茶叶放进箄子中；茶叶蒸熟后，从箄子中取出。锅里的水快蒸干的时候，加水即可（原注：甑，不要用带子缠绕，应该用泥巴封住）。还要用三个穀木枝丫做成叉子，抖散蒸熟的茶叶，以免茶汁流失。

乾隆款掐丝珐琅兽面纹甗。

仿青铜器甗造型，甗为上甑下鬲。现藏北京故宫博物院。

【注释】

① 甑（zèng）：古代蒸炊器具，用以蒸煮食物，类似蒸笼。② 匪：同"筐"，一种圆形的盛物竹器。③ 箄（bì）：蒸笼中的竹屉，用以隔水。④ 篾（miè）：长条细薄的竹片。⑤ 穀（gǔ）木：一种木质有韧性的木材。⑥ 膏：指茶叶的汁液精华。

【原文】

杵臼①，一曰碓②，惟恒用者佳。

【译文】

杵臼：又名碓子，最好是经常使用的。

【注释】

①杵臼（chǔjiù）：由棒槌一样的杵和有凹槽的臼构成，用以舂捣。②碓（duì）：也称碓子，舂米用的木石构造的工具，这里指捣碎茶叶所用的器具。

铜杵臼。
—
清代茶具，高 13.5 厘米，径 9 厘米，现藏于北京故宫博物院。

【原文】

规，一曰模，一曰棬①。以铁制之，或圆，或方，或花。

【译文】

规：又名模、棬。用铁制成，或圆形，或方形，或花形。

【注释】

①棬（quān）：一种类似盂的制茶器具。

【原文】

承，一曰台，一曰砧①。以石为之。不然，以槐桑木半埋地中，遣②无所摇动。

【译文】

承：又名台、砧。用石制成。不用石头，也可以把槐木、桑木制成的承半埋地下，使之无法摇晃。

【注释】

①砧（zhēn）：砧板，一种垫具。②遣：使，让。

【原文】

襜①，一曰衣。以油绢②或雨衫、单服③败者为之。以襜置承上，又以规置襜上，以造茶也。茶成，举而易之。

【译文】

襜：又名衣。用油绢或穿旧了的雨衣、单衣制成。把襜放在承上，又把规放在襜上，就可以压制茶饼了。茶饼制成后，把它取下，再压制另一个，这样方便取下茶饼。

【注释】

①襜（chān）：原指系在衣服前面的围裙，《尔雅·释物》："衣蔽前谓之襜。"这里指铺在砧板上的布，以承托住，用以隔开砧板与茶饼。②油绢：用桐油涂在绢上做成的雨衣。③单服：只有一层的薄衣服。

芘莉^①（音杷离），一曰籝子^②，一曰筹
筤^③，以二小竹，长三尺，躯二尺五寸，柄五
寸。以篾织方眼，如圃人土罗^④，阔二尺，以
列茶也。

【译文】

芘莉（原注：读音为"杷离"）：又名籝子、
筹筤，用两根长三尺的小竹竿，留出二尺五寸作
为躯干，五寸作为手柄。用竹篾编出方形的孔
眼，类似农夫用的土筛子，宽约二尺，用以陈列
晾晒茶饼。

【注释】

①芘（pí）莉：一种草制的盘子类器具，用以晾晒茶
饼。②籝（yíng）子：一种竹制盛物器具，用以晾晒
茶饼。③筹筤（pánglóng）：一种竹制盛物器具，用以
晾晒茶饼。④圃人土罗：指种菜的农人使用的土筛子。

采茶

处理

筛分

捣茶

炒茶

《制茶图集》选。

清代外销画，维多利亚和阿尔伯特博物馆藏。不同品种的茶叶，有其不同的制作方法，此图册节选了一些基础的制茶步骤。

【原文】

棨^①，一曰锥刀。柄以坚木为之，用穿茶^②也。

【译文】

棨：又名锥刀。手柄以坚硬的木头制成，用来在茶饼上钻孔。

【注释】

①棨（qǐ）：一种用以在茶饼上钻孔的锥刀。②穿茶：将烘焙干的茶饼分斤两贯穿，便于运输和销售。

【原文】

扑，一曰鞭。以竹为之，穿茶以解^①茶也。

【译文】

扑：又名鞭。用竹子制成，能将茶饼穿串，便于搬运。

【注释】

①解（jiè）：搬运。

【原文】

焙^①，凿地深二尺，阔二尺五寸，长一丈。上作短墙^②，高二尺，泥之。

【译文】

焙：在地面上挖一个深二尺、宽二尺五寸、长一丈的坑。上面砌一截矮墙，高二尺，抹上泥巴。

【注释】

①焙（bèi）：指烘烤茶饼使用的土炉子。
②短墙：很矮的墙。

【原文】

贯^①，削竹为之，长二尺五寸。以贯茶焙之。

【译文】

贯：用削下来的竹子制成，长二尺五寸。可以贯穿茶饼，以便于烘烤。

【注释】

①贯：贯穿茶饼的长竹条。

【原文】

棚,一曰栈。以木构于焙上,编木两层,高一尺,以焙茶也。茶之半干,升下棚;全干,升上棚。

【译文】

棚:又名栈。用木料制成,放在焙上,分为两层,高一尺,用以烘焙茶饼。茶饼半干,放到木架的下层;全部烘焙后,放到木架的上层。

【原文】

穿^①(音钏),江东、淮南剖竹为之;巴川峡山,纫^②榖皮为之。江东以一斤为上穿,半斤为中穿,四两、五两为小穿。峡中以一百二十斤为上穿,八十斤为中穿,五十斤为小穿。穿字旧作钗钏^③之“钏”字,或作贯串。今则不然,如“磨、扇、弹、钻、缝”五字,文以平声书之,义以去声呼之^④,其字,以“穿”名之。

【译文】

穿(原注:发音同“钏”):江东、淮南地区的穿索是剖开竹子制成的;巴川峡山地区的穿索是用纫谷皮搓成的。江东地区把重一斤的茶饼称作上穿,半斤的为中穿,四五两的为小穿。峡中地区把重一百二十斤的称为上穿，八十斤的为中穿，五十斤的为小穿。穿，旧作钗钏的"钏"字，或作贯"串"的"串"。如今不是这样了，就像"磨、扇、弹、钻、缝"五个字，以平声书写，字义与发音则是去声，这个字，就以"穿"命名。

【注释】

①穿：一种索状工具，用以将制好的茶饼穿串。②纫：捻绳，搓揉成绳。③钗钏：指妇人所有的饰物钗簪和镯子。④文以平声书之，义以去声呼之：即汉语中的一字"四声别义"现象，指汉字声韵母相同，声调不同，意义有别。

【原文】

育，以木制之，以竹编之，以纸糊之。中有隔，上有覆，下有床，傍有门，掩一扇。中置一器，贮塘煨①火，令煴煴然②。江南梅雨时，焚之以火。（育者，以其藏养为名。）

【译文】

育：用木头制成架子，用竹篾编成四壁，用纸裱糊起来。中间有隔断，上面有盖子，下面有托底，侧面有可以打开的门，掩着其中的一扇。中间放置一器皿，里面放着热灰，让它保持微热的暗火。江南地区梅雨季节到来的时候，即烧火去湿。（原注：育，因其藏养万物而得名。）

【注释】

① 塘煨（tángwēi）：可以烤热食物的热灰。② 煴 煴（yūn）然：火热微弱的样子，指看不见火苗的弱火。颜师古曰："煴，聚火无焰者也。"

《撵茶图》。

明摹宋人画。台北故宫博物院藏。画面详细描绘宋代碾茶、点茶场景，画面一分为二，左侧一小仆正在转动碾磨茶，桌上放置茶罗、茶盒等；另一人在桌旁提着汤瓶点茶，手旁为贮水瓮，桌上依次是茶筅、茶盏和盏托。画面右侧三人，怀素高僧伏案写作，另二人坐姿观赏。

《品茶图》。

明代，陈洪绶绘，又名《停琴啜茗图》。火炉上是煮水的砂壶，旁边一紫砂壶泡茶，两人手上为茶盏品茶，这一喝茶方式沿袭至今。

第二篇"之具"为制茶工具篇，详细介绍了十六种采茶与制茶过程中所使用的工具：籯、灶、釜、甑、杵臼、规、承、襜、芘莉、棨、扑、焙、贯、棚、穿、育。

本篇记录了以上制茶工具的别名、材质、形状、尺寸、用法。单从制茶工具的功能分类，逐一对应后文"采之、蒸之、捣之、拍之、焙之、穿之、封之"的七步"工艺流程"，茶具可分为七大类别，有人称之为唐代茶叶初制所必备的"七种武器"。分类如下：

一、采摘工具：籝。鲜叶采摘所使用的工具籝，也就是竹篮，"茶人负之以采茶"，说明茶产区产竹子，竹编工业发达。

二、蒸煮工具：灶、釜、甑。灶台、锅、蒸笼，这些厨房中的日用工具，今日如常。

三、捣碎工具：杵臼。一般为木石制品，日用至今。

四、拍制工具：规、承、襜、芘莉。唐代"蒸青"拍茶工艺使用工具，今已被其他工艺代替。

五、烘焙工具：棨、扑、焙、贯、棚。唐代茶饼烤干工艺使用工具，今已被其他器具顶替。

六、穿串工具：穿。这种唐代常见的计量单位，已被斤、两、克计量体系全面顶替。

七、贮存工具：育。封茶工艺，今已少见。

如前所述，这些物件，如今大部分都被淘汰、顶替，进了农耕时代博物馆。采茶与制茶工具的更新换代，与时俱进。最显著的变化，是大规模的竹制品，已被塑料制品和铁制品代替。即使是用甑子熏蒸的"杀青""蒸酶"技术，也只有在边疆民族地区以"非物质文化遗产"之名得以传承。

"工欲善其事，必先利其器"，生产工具的改进，始终是茶业发展的关键。唐代之后，宋元明清，工具日新，茶业红火，自不待言。

日本制茶。

—

选自《制茶说》，日本狩野良信著绘。经荣西与明惠上人等僧人传播之后，至镰仓末期时，日本茶文化发展迅速。据《异制庭训往来》记录：栂尾茶为第一；御室仁和寺、山科醍醐寺、宇治、南都般若寺、丹波神尾寺列为辅佐；大和室生寺、伊贺服部、伊势河居、骏马清见关、武藏河越的茶，也"皆天下闻名"。室町后期，日本的制茶分两部分：一种是贵族饮用的高档茶叶，以宇治茶为代表，其茶青被制成末茶，专供盛行的日本抹茶道使用；一种是民间饮用的粗茶，制茶用料不讲究，梗茎叶混用，甚至用镰刀将一尺左右的茶枝割下，用开水焯青后，用大席子裹住揉捻，摊在日光下晒干，饮用时煎煮茶汁，汤色黄褐，味道苦涩。

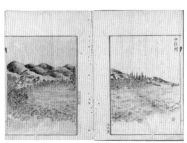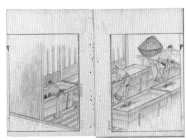

035

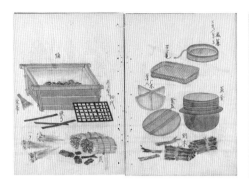

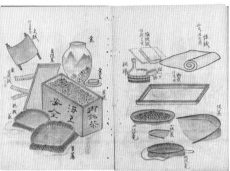

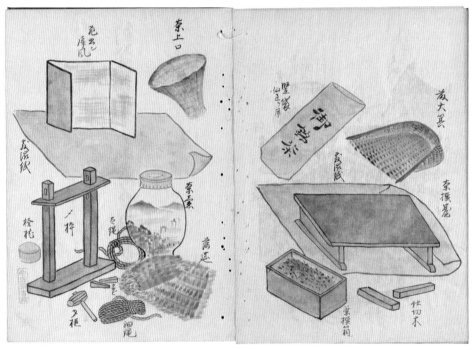

卷上

三之造

《采薇图》。

—

宋代，李唐绘。此卷画商末伯夷、叔齐不食周粟，在首阳山饿死的故事。图中伯夷与叔齐正在休息，两人的衣饰简劲爽利。

【原文】

凡采茶，在二月、三月、四月之间。茶之笋者，生烂石沃土，长四五寸，若薇蕨始抽，凌露采焉[①]。茶之芽者，发于藂薄[②]之上，有三枝、四枝、五枝者，选其中枝颖拔[③]者采焉。其日，有雨不采，晴有云不采。晴，采之、蒸之、捣之、拍之、焙之、穿之、封之，茶之干矣[④]。

【译文】

采摘茶叶，一般在农历二月、三月、四月间。肥壮如笋的茶叶，生长在碎石间的肥沃土壤里，长四五寸，如同薇、蕨抽新芽，要在露水未干时采摘。瘦弱的茶叶嫩芽，生长在丛生的草木间，有的抽芽三枝、四枝、五枝，挑选其中长势最好的采摘。采茶的日子，如果下雨就不采，晴间多云也不采；晴天采摘、蒸熟、捣碎、压饼、烘焙、穿串、封存，完成全部采制流程，茶就制作完成了。

【注释】

① 若薇蕨始抽，凌露采焉：化用《诗经》句，指茶叶如同薇蕨抽新芽，要在露水未干时采摘。薇、蕨，都是野菜。《诗经·小雅》有《采薇》篇，《毛传》："薇，菜也。"《诗经》又有"吉采其蕨"句，《诗义疏》说："蕨，山菜也。"二者都在春季抽芽生长。凌，冒着。② 藂（cóng）薄：丛生的灌木、杂草。藂，同"丛"，聚集、丛生。③ 颖拔：挺拔，指茶枝长势良好。④ 茶之干矣：茶就制作成了。

栽茶图。

历代名茶大多出自高山，高山的温度气候适宜茶树生长。

采茶图。

手工采摘的过程，直接影响茶的品质。

担茶图。

茶农家里，一般为女性采摘，男性担运，为避免闷坏，装满两筐就要搬运晾晒。

捡茶图。

检查新采摘的茶叶，避免杂质落入其中。

晒茶图。

又名晒青，将挑选好的茶叶放入竹筐中准备晾晒。

筛茶图。

挑拣茶叶，提高品质。

熏茶图。

又名炒茶，放在炭盆上焙炒，蒸发茶叶多余水分。

枕茶图。

评定茶叶成色，便于等级分类。

食花图。

含苞茉莉置入茶叶中，混入芬芳气味，制成花茶。

装茶图。

将挑拣出来的成色好的茶叶装箱密封。这是制茶最后一步，也是关键一步，主要是为了保护茶的味道。

运茶图。

人工背运茶叶。

落船图。

运往全国各地。

《茶景全图》。

清末民初彩绘本。描绘清末民初茶叶采摘和制作流程，即茶的栽种、采摘、担挑、拣茶、晾晒、筛选、烘焙、装船、运输等，画风古朴，简单易懂。

【原文】

茶有千万状，卤莽①而言，如胡人靴者，蹙②缩然（京锥文也③）；犎④牛臆者，廉襜然⑤（犎，音朋，野牛也）；浮云出山者，轮囷然⑥；轻飙拂水者，涵澹然有如陶家之子，罗膏土以水澄泚⑦之（谓澄泥也）；又如新治地者，遇暴雨流潦之所经。此皆茶之精腴。有如竹箨⑧者，枝干坚实，艰于蒸捣，故其形籭簁⑨然（上离下师⑩）；有如霜荷者，茎叶凋沮，易其状貌，故厥状委悴然。此皆茶之瘠老者也。

【译文】

茶饼的形状有很多种，笼统比喻，有的像少数民族胡人穿的鞋子，表面布满起皱的花纹（原注：京锥纹样）；有的像野牛胸部的肉，布满了帷幕一样的褶子；有的像出山的浮云，盘旋曲折；有的像清风拂水，微波荡漾；有的像陶工筛出的陶泥，用水澄清后光滑细腻；有的像新翻的土地被暴雨冲刷后形成的纹路。这些都是茶中精品与精华。而有的茶像竹笋壳一样，枝叶坚硬，难以蒸熟捣碎，所以制成的茶饼就像筛子一样坑坑洼洼；有的茶像霜打过的荷叶一样，枝叶枯败凋萎，叶形都发生了改变，所以制成的茶饼就显得干枯憔悴不成样子，这些都只能制成粗老低端的产品。

【注释】

①卤莽：鲁莽。这里指大致而言，笼而统

之。卤，同"鲁"。②蹙（cù）：有皱纹
的样子。③京锥文：京锥纹，指一种不常
见的古怪图案。④犎：古音同"朋"，一
种野牛。⑤襜（chān）：帷幕。⑥轮囷
（qūn）：根据《集韵》，指竹筛。⑦澄泚
（dèngcǐ）：以清水浸泡，使其静置沉淀，
使清水澄澈。⑧竹箨（tuò）：竹笋的外壳。
⑨籭簁：古音同"离师"，竹筛子。⑩上
离下师：此为"籭簁"之注音，古文竖排，
发古音"离师"。

【原文】

自采至于封七经目，自胡靴至于霜
荷八等。或以光黑平正言嘉者，斯鉴
之下也；以皱黄坳垤①言嘉者，鉴之
次也；若皆言佳及皆言不嘉者，鉴之上
也。何者？出膏者光，含膏者皱；宿
制者则黑，日成者则黄；蒸压则平正，
纵之则坳垤；此茶与草木叶一也。茶
之否臧②，存于口诀。

【译文】

从采摘到封存，要经过七道工序。
茶饼的形状，从像少数民族胡人穿的鞋
子到像被霜打败的荷叶，大致分为八个
等级。有人认为光亮、黝黑、平整的
茶饼是上等茶，这是下等的鉴别方法。
有人认为起皱、发黄、凸凹不平的茶饼

是上等茶，这是次等的鉴别方法。能综合研判茶饼优劣，才是上等的鉴别方法。何以如此？因为压出茶汁的茶饼外表光亮，含有茶汁的茶饼表面起皱；隔日压制的茶饼外表发黑，当日压制的茶饼外表发黄；蒸熟压实的茶饼外表平整，压制实的茶饼外表凸凹不平。从中可以看出，茶叶与其他草木的叶子是一样的。茶饼的优劣，存在一套评判标准，有一套口诀。

龙井茶。
——
清代。北京故宫博物院藏。

【注释】

①坳垤（àodié）：本意指地势高低不平，这里指茶饼凸凹不平。②否（pǐ）臧：优劣。否，贬，非议；臧，褒奖。《世说新语·德行第一》："每与人言，未尝臧否人物。"

采茶歌。

——

年画，大英博物馆藏。采茶歌在赣南山区盛行，演唱形式比较简单，先是一人干唱，无伴奏，后来发展成为以竹击节、一唱众和的"十二月采茶歌"的联唱形式，这是将采茶歌引入庭院户室演唱的开始。"十二月采茶歌"主要有三种形式：一是"顺采茶"，从正月唱到十二月；二是"倒采茶"，从十二月唱到正月；三是"四季茶"，唱一年四季春夏秋冬。演唱时，舞者口唱"茶歌"，手提"茶篮"作道具，载歌载舞，从而形成具有独特风格的采茶灯，俗称"茶篮灯"。延至后期，这种表演已不局限于"茶"，出现了大批生活小戏，成了"采茶戏"。

【述评】

本篇"之造",为茶人制茶指南,记载了茶叶采摘时间、采摘方法、制茶工序、茶饼特征及品质鉴别方法(注:这里的"茶人"用的是古义,指从事茶叶生产、加工的人,种茶的是茶农,销售商叶的是茶商,饮茶的是茶客)。

还有一点需要说明,本篇所言"采摘茶叶,一般在农历二月、三月、四月间",采摘的是春茶。怎么采?一是时令,尽人皆知春茶好,夏秋茶次之,冬茶不采。二是时辰,"凌露采之"。三是天气,"有雨不采,晴有云不采"。

天气晴朗,凌露采之、蒸之、捣之、拍之、焙之、穿之、封之,一鼓作气,完成制作饼茶的七个工序:采、蒸、捣、拍、焙、穿、封。这是生产流程,对应上一篇所述七类生产工具。

从茶饼形状判断茶的品质,可分八个等级:胡人靴、犎牛臆、浮云出山、轻飙拂水、澄泚、流潦、竹箨、霜荷,陆羽运用形象的比喻,阐明饼茶品质鉴定法的基本原理:茶饼光滑是因为压出了茶汁,色泽黄亮是因为制作及时,饼面周正是因为蒸压紧实……"茶之否臧,存于口诀"。

可惜,流年似水,唐代的那一套饼茶品质鉴定口诀,已经失传。

卷中

四之器

【原文】

风炉（灰承）	筥	炭树	火筴	鍑
交床	夹	纸囊	碾（拂末）	罗合
则	水方	漉水囊	瓢	竹筴
鹾簋（揭）	熟盂	碗	畚	札
涤方	滓方	巾	具列	都篮

【注释】

篇首列出了五组二十五种饮茶器具，以示重要。

卖茶翁。

卖茶翁是日本黄檗宗万福寺的禅师，俗名柴山元昭，是中国茶文化的热爱者和推广者。

炉龛：放置炉子的小阁。

子母盅：成套的茶杯。

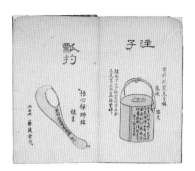

瓢杓：葫芦制成，用来舀水。
注子：注水后起加温作用。

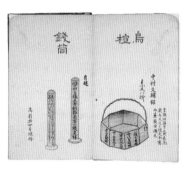

钱筒：存放钱币，竹制。
乌楦：收纳杂物的器皿。

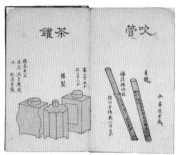

茶罐：存放茶叶的罐子。
吹管：起炉火时用的吹火管子。

坐褥：铺或盖用的毯子。
滓盂：水盂，盛茶渣的器皿。

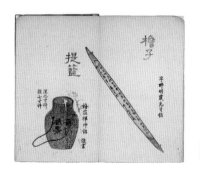

提篮：存放杂物的篮子。
檐子：挑货担子。

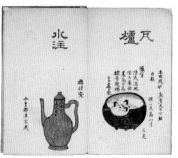

水注：注水壶。
瓦炉：用瓦烧制，用以生火煮茶。

《卖茶翁茶器图》。

日本，木村孔阳氏编绘。
此图册对研究中国古代
茶器极有价值。

051

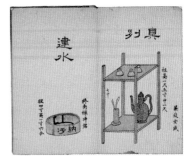

炭篮：盛放烧水炭的容器，外表竹篾
制成，里面包裹黑色油纸。
小炉：小火炉。

炭挝：用来砸炭的铁锤。
焙钩：茶焙，竹编，用以烘制茶叶，
防止把茶叶烘黄。

建水：盛放废茶水的器皿。
具列：陈列茶器，又称茶棚。

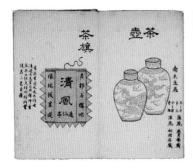

茶旗：店铺招牌，用以招揽客人。
茶壶：存放茶叶的罐子。

灰炉：火炉。
瓶床：瓶座，稳固壶和瓶。

炉围：罩在炉外的
竹篾，起隔断保护
的作用。

风炉（灰承 ^①）

【原文】

风炉，以铜、铁铸之，如古鼎形。厚三分，缘阔九分，令六分虚中，致其圬墁^②。凡三足，古文书二十一字：一足云"坎上巽下离于中^③"，一足云"体均五行去百疾^④"，一足云"圣唐灭胡明年铸^⑤"。其三足之间，设三窗，底一窗以为通飙漏烬之所。上并古文书六字：一窗之上书"伊公"二字，一窗之上书"羹陆"二字，一窗之上书"氏茶"二字，所谓"伊公羹、陆氏茶^⑥"也。置墆㙯^⑦于其内，设三格：其一格有翟焉，翟^⑧者，火禽也，画一卦曰离；其一格有彪^⑨焉，彪者，风兽也，画一卦曰巽；其一格有鱼焉，鱼者，水虫也，画一卦曰坎。巽主风，离主火，坎主水，风能兴火，火能熟水，故备其三卦焉。其饰，以连葩、垂蔓、曲水、方文之类。其炉，或锻铁为之，或运泥为之。其灰承，作三足铁柈^⑩抬之。

【译文】

风炉（含灰承）：用铜或铁铸造而成，形状像古代的鼎。炉壁厚三分，炉口边缘直径九分，使炉壁与炉腔之间空出六分，并在炉内外抹上泥。风炉都有三只脚，上面用上古文字刻着二十一个字：一只刻"坎上巽下离于中"，一只刻"体均五行去百疾"，一只刻"圣唐灭胡明年铸"。三足之间设有三个窗口，最下面的窗口用来通风漏灰烬。三个窗口上以古文刻着六个字：一窗上刻"伊公"二字；一窗上刻"羹陆"二字；一窗上刻"氏茶"二字，连起来就是"伊公羹、陆氏茶"。风炉内置一个算子，里面分为三格：一格铸有翟的图案，这是一种火禽，以代表火的离卦符号表示；一格铸有彪的图案，这是一种风兽，以代表风的巽卦符号表示；另一格铸有鱼的图案，这是一种水生动物，以代表水的坎卦符号表示。巽主风，离主火，坎主水，风能兴火，火能熟水，因此刻上这三卦象。风炉壁上还做一些装饰，连缀的花朵、垂悬的藤蔓、回曲的流水波纹、方形的花纹之类。有的风炉用生铁铸造而成，有的用泥巴烧制而成。风炉的灰承，是一个三脚铁盘，可以托住底盘，用来承接炉灰。

伊尹。
——
商初名臣，伊是其名，尹是官名，相当于丞相。商朝开国功臣，也是中华厨祖，辅佐过包括成汤在内的前后五位君王，是杰出的政治家、思想家。

【注释】

①灰承：风炉的附属器件，用以承接风炉漏下的灰。本篇标题括号表示其附属物品，下同。②圬墁（wūmàn）：本为涂墙用的工具，这里指涂刷泥。③坎上巽（xùn）下离于中：有水在上，风从下面吹入，火在中间燃烧。坎、巽、离都是八卦的卦名，坎为水，巽为风，离为火。④体均五行去百疾：指对应阴阳五行木金火土水的人体五脏器肝肺心脾肾均匀调和，百病不生。⑤盛唐灭胡明年铸：唐王朝平定"安史之乱"后一年铸造。盛唐灭胡，指唐王朝平息安史之乱，时在唐广德元年（763），以此推断此风炉之鼎铸于公元764年。⑥伊公羹、陆氏茶：伊尹的厨艺、陆羽的茶器。伊公，商代名臣伊尹的尊称。伊尹，己姓，伊氏，名挚，史籍记载生于洛阳伊川，商朝开国元勋，杰出的政治家、思想家，中华厨祖。相传他善调羹汤，世称"伊公羹"。⑦墆㙟（dìniè）：指风炉底部的算子。⑧翟（dí）：长尾巴的雉鸡。翟，古字形从羽、从隹，指长尾巴的雉鸡。中国古代典籍认为雉鸡是火禽，五行属火。⑨彪：小老虎。中国古代典籍认为彪奔跑速度像风一样快，是风兽，五行属风。⑩三足铁柈（pán）：三角铁盘。柈，同"盘"，盘子。

《煮茶图》。

明代，陈洪绶绘。明代制茶由团茶改为散茶，改蒸青为炒青。制茶方式的变化使得品茶的方式也发生变化，由烹煮、点茶改为散叶冲泡。画中茶炉上置一平底砂壶煮茶。

筥

【原文】

筥[1]，以竹织之，高一尺二寸，径阔七寸。或用藤，作木楦[2]如筥形织之，六出圆眼[3]。其底盖若利箧[4]口，铄[5]之。

【译文】

筥：用竹篾片编织而成，高一尺二寸，直径七寸。有的也用藤在筥形的木架上编织而成，上面留出六边形的小孔。筥的底部和盖子要像竹箱的开口一样削平，这样看上去美观大方。

【注释】

①筥（jǔ）：一种圆形的竹器，用于盛放物品。②木楦（xuàn）：筥形木架。③六出圆眼：竹器上六边形的小孔。④利箧（qiè）：用小竹篾编成的长方形箱子。⑤铄（shuò）：削平，使之美观。

炭檛

【原文】

炭檛^①，以铁六棱制之。长一尺，锐上丰中^②，执细。头系一小镵^③，以饰檛也，若今之河陇^④军人木吾^⑤也。或作锤，或作斧，随其便也。

【译文】

炭檛：用六棱形的铁制成。长一尺，头部尖锐，中部沉实，执握处细，在细的端头系上一个小镵，作为装饰，像现在河陇地区的士兵使用的木棒一样。有的做成槌形，有的做成斧形，各随其便。

【注释】

① 炭檛（zhuā）：捣碎木炭的铁棍。② 锐上丰中：头部尖锐，中间沉实。③ 镵（zhǎn）：炭檛上的小装饰物件。④ 河陇：边塞重地河西与陇右。相当于今甘肃西部，包括敦煌、嘉峪关、酒泉等地。⑤ 木吾：一种用以防身的木棒。吾，假借为"御"，防御之意思。

火筴

【原文】

火筴^①，一名筯^②，若常用者，圆直一尺三寸。顶平截，无葱薹勾锁^③之属，以铁或熟铜制之。

【译文】

火筴：又名火筯，与平时使用的筷子一样圆而直，长一尺三寸。顶端截平，没有葱薹、勾锁等装饰，一般用铁或熟铜打制而成。

【注释】

①火筴（jiā）：烧火过程中使用的夹器，类似火钳。②筯（zhù）：同"箸"，一种筷子，用以夹住某物。③葱薹（tái）勾锁：这里指各类装饰。薹，葱的骨朵，长在葱的顶部，呈圆珠形。勾锁，即铁链子。

镤

【原文】

　　镤①（音辅，或作釜，或作鬴②），以生铁为之。今人有业冶者，所谓急铁③，其铁以耕刀之趄④炼而铸之。内模土而外模沙。土滑于内，易其摩涤；沙涩于外，吸其炎焰。方其耳，以正令⑤也。广其缘，以务远也。长其脐，以守中也。脐长，则沸中；沸中，则末易扬；末易扬，则其味淳也。洪州⑥以瓷为之，莱州⑦以石为之。瓷与石皆雅器也，性非坚实，难可持久。用银为之，至洁，但涉于侈丽。雅则雅矣，洁亦洁矣，若用之恒，而卒归于铁也。

【译文】

　　镤（原注：音辅，也写作釜，或者鬴）：用生铁铸成。生铁就是当今从事冶炼的工人所说的"急铁"。这种铁是用已经使坏了的犁头熔炼后铸造而成的。铸造锅时，里面抹泥外面抹沙。泥能使锅内光滑，便于洗刷；沙使锅外粗糙，便于吸收火的热量。锅耳宜方，便于摆正。锅沿宜宽，便于火焰铺开。锅底脐部宜突出，便于集中火力。锅底脐部突出，水就能在锅中央沸腾；水在锅中央沸腾，茶末就容易沸扬；茶末容易沸扬，煮出的茶汤就醇香。洪州人用瓷制锅，莱州人用石制锅。瓷锅和石锅都是雅致的器物，但不够牢固结实，难以长久使用。用银制锅，莹洁雅致，却也奢侈华丽。雅致归雅致，莹洁归莹洁，如果讲究经久耐用，还是铁制的好。

【注释】

①镄（fù）：一种口很大的铁锅。②釜（fǔ）：锅。 釜，同"釜"。③急铁：利用废旧铁器二次熔炼而成的铁。④耕刀之趄（jū）：用旧或者用坏了的犁头、锄头。 趄，倾斜、歪斜，艰难行走之意，引申为坏的、旧的。⑤正令：端正，笔直。⑥洪州：唐代州名，治所在今江西南昌一带。⑦莱州：唐代州名，治所在今山东莱州一带。

交床

【原文】

交床，以十字交之，剜^①中令虚，以支镇也。

【译文】

交床：十字交叉的木架，挖空，用来支撑茶锅。

【注释】

① 剜（wān）：挖，刻。

夹

【原文】

夹，以小青竹为之，长一尺二寸。令一寸有节，节已上剖之，以炙茶^①也。彼竹之筱^②，津润于火，假其香洁以益茶味，恐非林谷间莫之致。或用精铁熟铜之类，取其久也。

【译文】

夹：用小青竹制成，长一尺二寸。一端一寸位置处留竹节，竹节以上剖开，用它夹着茶饼烘焙。这种小青竹被火烤后会渗出竹汁，散发出竹子的清香，能增加茶叶的香气。如果不在山林深谷中烘焙茶饼，恐怕找不到这种细小的竹子。可以用精铁、熟铜之类制作夹子，这种夹子经久耐用。

【注释】

① 炙茶：烘焙、烤干茶饼。② 筱（xiǎo）：竹的一种，细竹，又名小箭竹。

纸囊

【原文】

纸囊，以剡藤纸①白厚者夹缝之。以贮所炙茶，使不泄其香也。

【译文】

纸囊：用两层又白又厚的剡藤纸缝制而成，用来贮藏烘焙好的茶饼，使茶香不散失。

【注释】

① 剡（shàn）藤纸：一种产于浙江剡县、用藤为原料制成的纸，洁白细致有韧性，为唐代包茶专用纸。

碾（拂末）

【原文】

碾，以橘木为之，次以梨、桑、桐、柘^①为之。内圆而外方。内圆备于运行也，外方制其倾危也。内容堕^②而外无余木。堕，形如车轮，不辐而轴^③焉。长九寸，阔一寸七分。堕径三寸八分，中厚一寸，边厚半寸。轴中方而执圆^④。其拂末以鸟羽制之。

【译文】

碾（含拂末）：用橘木制成，还可以用梨、桑、桐、柘木制作。碾内圆外方。内圆，便于滚动；外方，防其倾倒。内部刚好可以容下碾轮，没有多余的空间。碾轮，形状像车轮，没有辐条，只有中间的横轴。轴长九寸，宽一寸七分。直径三寸八分，中厚一寸，边厚半寸。轴的中间是方形的，把手则是圆形的。刷茶末的拂末，用鸟的羽毛制成。

【注释】

①柘（zhè）：一种树木，木质坚硬。②堕：木头制的碾轮。③不辐而轴：没有辐条，只有车轴。④轴中方而执圆：轴的中部是方形，手柄部分是圆形。

磨茶器。
——
唐代，法门寺出土。

罗合①

【原文】

罗末，以合盖贮之，以则②置合中。用巨竹剖而屈之，以纱绢衣之③。其合，以竹节为之，或屈杉以漆之。高三寸，盖一寸，底二寸，口径四寸。

【译文】

罗合：用茶筛筛下来的茶末，用茶盒贮藏，并把量具"则"放进茶盒中。茶筛是用巨大的竹子剖开并弯曲成圆形，再用纱布或丝绢蒙上制成的。茶盒是用竹节制成的，也有用弯曲成圆形的杉木片上漆制成的。茶盒高三寸，其中盒盖高一寸，底高二寸，口径四寸。

【注释】

① 罗合：茶筛与茶盒，由罗、合两部分构成。罗，指罗筛。合，指竹盒。② 则：量取茶末的量具。③ 纱绢衣之：用细密而薄的丝织品覆盖在上面。

则

【原文】

则，以海贝、蛎蛤^①之属，或以铜、铁、竹匕策^②之类。则者，量也，准也，度也。凡煮水一升，用末方寸匕^③。若好薄者减之，嗜浓者增之，故云则也。

【译文】

则：用海贝、牡蛎之类的贝壳，或用铜、铁、竹制的勺子之类。则，就是称量、标准、度量的意思。这一标准，就是煮一升水，放一方寸匕的茶末。如果喜欢喝淡茶，就减少茶末的量；喜欢喝浓茶，就增加茶末的量。这种量茶的器具被称为"则"。

【注释】

① 蛎蛤（lìgé）：一种海生动物，牡蛎的别称。② 竹匕策：用竹子做成的匕或策。匕，勺子，如汤勺。策，用以计算数量的小竹片。③ 用末方寸匕：需要使用一方寸匕的茶末。

水方

【原文】

水方^①，以椆木^②、槐、楸^③、梓^④等合之，其里并外缝漆之，受一斗。

【译文】

水方：用椆、槐、楸、梓木等木片合制而成，用漆封好里外的缝隙，能装一斗水。

【注释】

① 水方：煮茶时使用的贮存水的用具。② 椆（chóu）木：一种木质坚固、耐寒而不凋零的树木。③ 楸（qiū）：落叶乔木，木材质地致密，常用以制作家具。④ 梓：落叶乔木，木材常用来建造房屋和制造器物。

漉水囊

【原文】

漉水囊^①，若常用者。其格以生铜铸之，以备水湿，无有苔秽腥涩意^②。以熟铜苔秽，铁腥涩也。林栖谷隐者^③，或用之竹木。木与竹非持久涉远之具，故用之生铜。其囊，织青竹以卷之，裁碧缣^④以缝之，钮翠钿^⑤以缀之，又作绿油囊^⑥以贮之。圆径五寸，柄一寸五分。

【译文】

漉水囊：同平常使用的一样。它的隔断以生铜铸造，使其被水泡湿后不留铜锈和腥涩的味道。如果用熟铜铸造，容易生铜锈；用铁铸造，则容易产生腥涩的味道。在密林和山谷中隐居的人，还可以用竹片或木条制作。但不论木制的还是竹制的漉水袋都不耐用，也不方便远行时随身携带，因此还是要用生铜铸造。漉水的袋子，用青竹片卷制而成，裁一小块碧绿色的丝绢缝在上面，可以装饰翠玉饰品，再缝一条贮水用的绿色的油绢袋。漉水袋口径五寸，手柄长一寸五分。

【注释】

①漉（lù）水囊：一种用来过滤水的袋子。②苔秽腥涩意：青苔一样的铜锈和铁腥味。③林栖谷隐者：隐居山林的人。④碧缣（jiān）：青绿色的绸缎，多用两种丝绢织成。⑤翠钿（diàn）：一种用翠玉制成的饰品。⑥绿油囊：一种用绿油布做成的袋子，可以防止漏水。

瓢

【原文】

瓢，一曰牺杓①。剖瓠②为之，或刊木③为之。晋舍人杜育④《荈赋》云："酌之以匏⑤。"匏，瓢也。口阔，胫薄，柄短。永嘉⑥中，余姚人虞洪入瀑布山采茗，遇一道士，云："吾，丹丘子⑦，祈子他日瓯牺⑧之余，乞相遗也。"牺，木杓也。今常用以梨木为之。

【译文】

瓢：又名牺、杓，把葫芦剖开即成，也可以掏空木头制成。西晋中书舍人杜育在《荈赋》中写道："酌之以匏。"匏，就是瓢，口径大，瓢身薄，手柄短。永嘉年间，余姚人虞洪去瀑布山采茶，遇到一个道士，道士对他说："我是丹丘子，希望以后你的杯里有多余的茶汤，能够分一些给我。"牺，就是木杓。现在常用的瓢，是用梨木制成的。

【注释】

①牺杓（xīsháo）：瓢的别称，舀水注汤时使用的茶器。杓，同"勺"。②瓠（hù）：一年生草本植物，茎蔓生，夏天开白花，果实长圆形，嫩时可食；也指这种植物的果实。果实即葫芦，也称匏瓜。③刊木：雕刻木头。④杜育（？—311）：又名杜毓，字方叔，曹魏平阳乡侯杜袭之孙，"金谷二十四友"之一，西晋文官，襄城郡定陵县（今河南省叶县）人。自幼岐嶷，号称神童。风姿俊

美，颇有才藻，人称"杜圣"，交好外戚贾谧。晋惠帝永兴年间，拜汝南太守。晋怀帝即位，出任右军将军、国子祭酒。永嘉之乱（311），洛阳城破，遇害身亡。著有文集二卷，其中《荈赋》仅留残卷，为中国最早专门歌吟茶事的诗赋类作品。⑤匏（páo）：匏瓜，即葫芦。⑥永嘉：西晋怀帝年号（307—312）。⑦丹丘子：道士仙人的统称，因炼仙丹而名。⑧瓯（ōu）牺：饮茶所用的杯勺。

竹筴

【原文】

竹筴，或以桃、柳、蒲葵木为之，或以柿心木为之。长一尺，银裹两头。

【译文】

竹筴：即竹夹。有的用桃、柳、蒲葵木制成，有的用柿心木制成。长一尺，两端以银包裹。

鹾簋（揭）

【原文】

鹾簋[1]，以瓷为之，圆径四寸，若合形。或瓶或罍[2]，贮盐花[3]也。其揭，竹制，长四寸一分，阔九分。揭，策[4]也。

【译文】

鹾簋（含揭）：用瓷制成，口径四寸，形状像盒子，或者瓶子、酒壶，用来贮存细盐粒。揭用竹制成，长四寸一分，宽九分。揭，是取盐用的长竹片。

【注释】

①鹾簋（cuóguǐ）：盐罐子。鹾，盐，《礼记·曲礼》曰："盐曰咸鹾。"簋，古代盛食物的圆口竹器。②罍（léi）：一种形状像大壶的酒樽。③盐花：细盐。④策：取盐用的长竹片。古代以竹片或木片记事著书，成编的称为"策"。

熟盂

【原文】

熟盂，以贮熟水。或瓷或砂，受二升。

【译文】

熟盂：用来贮存开水。以瓷或陶制成。能装水二升。

碗

碗，越州上，鼎州次，婺州^①次，岳州次，寿州、洪州^②次。或者以邢州^③处越州上，殊为不然。若邢瓷类银，越瓷类玉，邢不如越一也；若邢瓷类雪，则越瓷类冰，邢不如越二也；邢瓷白而茶色丹，越瓷青而茶色绿，邢不如越三也。晋杜育《荈赋》所谓："器择陶拣，出自东瓯^④。"瓯，越也。瓯，越州上。口唇不卷，底卷而浅，受半升已下。越州瓷、岳瓷皆青，青则益茶，茶作白红之色。邢州瓷白，茶色红；寿州瓷黄，茶色紫；洪州瓷褐，茶色黑：悉不宜茶。

【译文】

碗：越州出产的是上品，鼎州、婺州、岳州出产的次之，寿州、洪州出产的更次。有人认为邢州出产的茶碗质地比越州出产的好，我不这么认为。如果说邢州瓷像银子，那么越瓷就像玉，这是邢瓷不如越瓷的第一个原因；如果说邢瓷像雪，那么越瓷就像冰，这是邢瓷不如越瓷的第二个原因；邢瓷色白，所盛茶汤呈红色，越瓷色青，所盛茶汤呈绿色，这是邢瓷不如越瓷的第三个原因。西晋杜育在《荈赋》中写道："器择陶拣，出自东瓯。"瓯，即越州，被称为瓯的瓷器，也是越州的为上品。碗口不卷边，碗底卷而碗身浅，容量不足半。越州瓷和岳州瓷都是青色的，青色能衬托茶汤颜色。邢州瓷白，茶汤红；寿州瓷黄，茶汤紫；洪州瓷褐，茶汤黑：都不宜盛装茶汤。

①越州、鼎州、婺州：越州，治所在今浙江绍兴地区。唐时越窑主要在余姚，所产青瓷极名贵。鼎州，治所在今陕西径阳三原一带。婺州，治所在今浙江金华一带。②岳州、寿州、洪州：皆唐代州郡名，治所分别在今湖南岳阳、安徽寿县、江西南昌。③邢州：唐代州郡名，治所在今河北邢台一带。④东瓯：古代越族的一支，亦称瓯越。特指越族东瓯人所在的温州或浙江南部地区。

建窑兔毫茶盏。

吉州窑月影梅花纹茶盏。

宋代茶盏。

纽约大都会艺术博物馆藏。茶盏历代有各种不同的称谓，唐代称为"茶碗（盌）""茶瓯"，"茶盏（琖）"是宋代的称呼。"茶杯"是进入明清之后的叫法，延续至今。宋代茶盏讲究"收敛、节制"，造型秀丽、挺拔，盏壁斜伸、碗底窄小，轻盈而优雅，很大一部分是迎合当时品茶方式由"煎饮"到"点饮"的转变。点茶是在茶盏内最后完成的，需要用筅击拂茶汤，在盏面形成乳花，茶盏对茶颜色的衬托非常重要。当时有八大民窑，区分以长江为界。北方有磁州窑、耀州窑、钧窑、定窑，南方是龙泉窑、建窑、吉州窑、饶州窑。其中磁州窑在今天的河北省磁县，而历史上把北方所有烧造民间用瓷的窑口统称为磁州窑。饶州窑即现在的景德镇窑。建窑原在福建建安（今建瓯），后迁建阳。所烧黑釉瓷器，釉面多条状结晶纹，细如兔毛，称兔毫盏，当时被誉为上品。

畚

【原文】

畚^①，以白蒲^②卷而编之，可贮碗十枚。或用筥。其纸帊^③以剡纸夹缝令方，亦十之也。

【译文】

畚：用白蒲草卷拢编织而成，可装茶碗十个。也可以用筥。用双层剡藤纸缝合成方形的纸帊，也能装十个茶碗。

【注释】

① 畚（běn）：即簸箕，一种竹或蒲草制品，用于盛放茶碗。② 白蒲：白色的蒲草，即菖蒲草。③ 纸帊（pà）：包裹茶碗的纸帕。

札

札,缉枡榈皮[1],以茱萸[2]木夹而缚之,或截竹束而管之,若巨笔形。

【译文】

札:把棕榈树皮纤维搓捻成线,用茱萸木夹住并绑紧,或者砍一段竹子,在竹管中扎上棕榈丝条,看上去像一支大毛笔。

【注释】

①缉枡榈皮:用棕榈树皮纤维搓揉成线。枡榈,即棕榈。②茱萸:又名"越椒""艾子",一种常绿带香的植物,具备杀虫消毒、逐寒祛风的功能,用以辟邪。中国有九月九日重阳节佩茱萸的岁时风俗,唐代王维《九月九日忆山东兄弟》诗:"遥知兄弟登高处,遍插茱萸少一人。"

涤方

【原文】

涤方,以贮洗涤之余。用楸木合之,制如水方,受八升。

【译文】

涤方:用来存储洗涤使用过的水。用楸木板拼合而成,制作方法与"水方"一样,可以装八升水。

滓方

【原文】

滓方，以集诸滓，制如涤方，处五升。

【译文】

滓方：用来装各种茶渣，制作方法与"涤方"一样，可以装五升。

巾

【原文】

巾，以绝布[1]为之。长二尺，作二枚，互用之，以洁诸器。

【译文】

巾：用粗绸制成。长二尺，制作两条，交替使用，用它清洗各种器具。

【注释】

①绝（shī）布：粗绸。质地粗糙的绸布。

具列

【原文】

具列，或作床①，或作架。或纯木、纯竹而制之，或木或竹，黄黑可扃②而漆者。长三尺，阔二尺，高六寸。具列者，悉敛诸器物，悉以陈列也。

【译文】

具列：可以做成床或者架子的样子。有的用纯木制作，有的用纯竹制作，也有的兼用竹、木，留一道可以开关的门，涂上黄黑色的漆。长三尺，宽二尺，高六寸。之所以叫作"具列"，就是因为它可以摆放陈列各种器具。

【注释】

①床：此处特指放置相关茶器的木架或平板。②扃（jiōng）：开关并锁住的门闩。

都篮

【原文】

都篮，以悉设诸器而名之。以竹篾内作三角方眼，外以双篾阔者经之，以单篾纤①者缚之，递压双经②，作方眼，使玲珑。高一尺五寸，底阔一尺，高二寸，长二尺四寸，阔二尺。

【译文】

都篮：因能存放各种器具而得名。用竹篾片制成，里面编织一些三角或方形的孔，外面压上两条宽篾条作为经线，用单篾条压住两条宽篾条，形成方形，使之看上去精致美观。都篮高一尺五寸，底部宽一尺，高二寸，长二尺四寸，宽二尺。

【注释】

①纤：细。②双经：两条纵隔的经线。

【述评】

卷中单列一篇"之器",是重点提示,表明这是全书的重点,重点中的重点。此前第二篇"之具"记载了十六种制茶工具,这里对应讲一套二十五种饮用器具。

陆羽记载了由他本人亲自研发制作或组织规范的二十五种煮茶、饮茶器具,从名正言顺地刻着"伊公羹、陆氏茶"的风炉开始,依次描述了风炉(含灰承)、筥、炭挝、火筴、鍑、交床、夹、纸囊、碾(含拂末)、罗合、则、水方、漉水囊、瓢、竹筴、鹾簋(含揭)、熟盂、碗、畚、札、涤方、滓方、巾、具列、都篮的材质、形状、用途及使用方法。

通常意义上的"陆氏二十四器"(实为二十五或二十八种),按照使用功能,可以分为七类。

火器:即生火烧水器具,包括风炉、灰承、筥、炭挝、火筴。

煮茶器:即烤茶、碾茶、量茶和煮茶器具,包括鍑、交床、夹、纸囊、碾(含拂末)、罗合、则、竹筴。

水器:即盛水、滤水和取水器具,包括水方、漉水囊、瓢、熟盂。

盐器:即盛盐和取盐的器具,包括鹾簋、揭。

饮茶器:即盛茶和饮茶的器具,包括碗、札。

摆器:即用于盛放和摆设茶器的器具,包括畚、具列、都篮。

渣器:即洗涤和清洁用的器具,包括涤方、滓方、巾。

陆羽亲自设计的风炉,以鼎制器,三足两耳,造型独特,寄意深远。好一个

"伊公羹、陆氏茶"，伊尹的厨艺，陆羽的茶器！与商朝重臣、"中华厨神"并列，可见作者自视甚高。如果不是谙熟门道，哪里来的勇气，敢于如此自诩?!

对待茶器的态度，还是创始日本茶道的连歌师、千利休的老师武野绍鸥（1502—1555）说得好："安放饮茶器具的手，要有和爱人分离的心情。"意即在饮茶时，简单到一个小小的取放茶器的动作，都要饱含深情，才算没有白泡一场茶。茶器是安静的，它在提醒生命的自在与欢愉。如此认识茶器，茶是一场盛放的爱情，更是一次直抵本质的哲学辩论。

日本"民艺之父"柳宗悦在《茶与美》中就曾感叹："所有的美的茶碗都是顺从于自然的器物。……运作法则的是自然，能看到法则就等同于鉴赏。"某次茶艺雅集，听过一种高论：陆羽《茶经》里的"二十四茶器"，代表的是二十四节气；两种茶器为一组，一阴一阳，代表一年十二个月，一日十二时辰；六种茶器为一组，代表一年四季的四时流变……不知道具体是怎么分，只觉得有意思。如此说来，八种茶器为一组，是否就该代表天地人三才、日月星三光了呢？

如此附会，想必并非陆羽本意。之所以"器无巨细"地记下二十多种饮茶器具，大约不会表示天地五方或者阴阳五行，想来也非作者要当什么"茶道艺术家"，日用而已。

日用即道。

茶具。

茶事。

火炉和茶具。

茶杯。

茶具和糕点碗。

茶釜。

茶罐。

过新年。

壶。

茶具图。

纽约大都会艺术博物馆藏。 茶具，古代亦称茶器或茗器，泛指制茶、饮茶使用的器具。古代茶具不单指茶壶、茶杯，而是指所有泡茶过程中必备的器具，包括制茶、贮茶、饮茶等工具。日本茶具更为复杂，除了茶釜、茶入（插花瓶）和茶碗外，还有挂轴、花入、香盒、风炉、炭斗、火箸、釜垫、灰器（盛灰的）等物，以及点茶所用薄茶盒、茶勺、茶刷、清水罐、水注（就是带嘴的水壶）、水勺、水勺筒、釜盖承、污水罐、茶巾、绢巾、茶具架等，涉及陶器、漆器、瓷器、竹器、木器、金属器皿等。

壶和杯子。

新年用具。

茶具。

漆器。

黑色的壶。

天目茶杯和包装盒。

壶、杯和风扇。

茶具。

茶杯。

黑色茶叶罐。

五色系列茶具。

卷下

五之煮

【原文】

凡炙茶，慎勿于风烬间炙，熛焰^①如钻，使炎凉不均。特以逼火，屡其翻正，候炮（普教反）^②。出培𪒳^③状虾蟆背^④，然后去火五寸。卷而舒，则本其始，又炙之。若火干者，以气熟止；日干者，以柔止。

【译文】

烘烤茶饼的时候，注意不要在迎风的余火上烤，风会将火苗吹歪，也会吹出四溅的火星，这样烤出的茶饼受热不均匀。正确的做法是夹住茶饼贴近火焰，不断翻烤正面和背面，直到茶饼表面烤出像癞蛤蟆背部一样的小疙瘩时，再放到距离火五寸的地方慢慢烘烤。烤到茶叶逐渐舒展，依次反复。如果是用火烘干的茶饼，烤到出香气为止；如果是晒干的茶饼，烤到柔软为止。

【注释】

①熛（biāo）焰：火星迸飞，火苗乱窜。②炮（páo）：用火烘烤。③培𪒳（lǒu）：小土堆。④虾蟆背：像蛤蟆背部的形状一样。有很多丘泡，不平滑，形容茶饼表面起泡如蛙背。

【原文】

　　其始，若茶之至嫩者，蒸罢热捣，叶烂而牙笋存焉。假以力者，持千钧杵亦不之烂，如漆科珠①，壮士接之，不能驻其指。及就，则似无穰骨②也。炙之，则其节若倪倪③如婴儿之臂耳。既而，承热用纸囊贮之，精华之气无所散越，候寒末之（末之上者，其屑如细米；末之下者，其屑如菱角）。

【译文】

　　制茶的时候，如果鲜叶很嫩，蒸熟后趁热捣碎，叶片捣碎了但芽笋还硬挺。如果只靠蛮力，哪怕用千斤重锤也捣不烂。芽笋像涂了漆的珠子一样光滑，莽汉的指间是无法制出好茶的。捣好之后的茶叶，就像没有茎秆一样。烘烤这样的茶饼，芽笋就像没有了一样，像婴儿的手臂一样柔软。烘烤好的茶饼要趁热装进纸袋里，防止茶香散失。待其冷却后再碾成茶末（原注：上等的茶末，碎屑像细米。下等的茶末，碎屑像菱角）。

【注释】

①漆科珠：意为用漆斗量珍珠，滑溜难量。科，同"颗"，用斗称量。《说文》："从禾，从斗。斗者，量也。"②穰（ráng）骨：穰，也作"穰"。泛指小麦和谷类作物的茎秆。③倪倪：微弱的样子。

【原文】

其火，用炭，次用劲薪（谓桑、槐、桐、枥之类也）。其炭，曾经燔炙，为膻腻所及，及膏木①、败器，不用之（膏木为柏、桂、桧也。败器，谓朽废器也）。古人有劳薪之味②，信哉！

【译文】

烤茶饼、煮茶汤，用木炭火最好，其次是火力强的柴火（原注：指桑、槐、桐、枥之类的木材）。烤过肉类后沾染了腥膻油腻气味的木炭，或者木料本身富含油脂，以及败器都不能使用（原注：富含油脂的木材，指的是柏、桂、桧等。败器，指的是涂过油漆或者已经腐烂的木器）。古人说过用经常吃力的木器烧火煮食物会有怪味，这种"劳薪之味"的说法是正确的，可信！

【注释】

①膏木：富含油脂的树木。②劳薪之味：用典，出自《晋书·荀勖传》。指用旧车轮之类烧烤食物，食物会有异味。《世说新语·术解》里说了一个典故：荀勖尝在晋武帝坐上食笋进饭，谓在坐人曰："此是劳薪炊也。"坐者未之信，密遣问之，实用故车脚。

【原文】

其水，用山水上，江水中，井水下（《荈赋》所谓："水则岷方之注，挹①彼清流。"）。其山水，拣乳泉、石池漫流者上。其瀑涌湍漱②，勿食之。久食，令人有颈疾。又多别流于山谷者，澄浸不泄，自火天至霜郊③以前，或潜龙蓄毒于其间，饮者可决之，以流其恶，使新泉涓涓然，酌之。其江水，取去人远者。井，取汲多者。

【译文】

煮茶的水，山水最好，其次是江水，井水最次（原注：《荈赋》说："如同用瓢舀取注入岷江的清流。"）。煮茶的山水，最好的是钟乳石上滴下的和石池中漫流出来的；不能用山谷中激流而来的急水，如果长时间饮用这种水，会患上"大脖子"的瘿袋颈部病。许多小溪汇流到山谷中的水也不能用，这种水看上去澄澈，但不流动，从立夏到霜降之前，会有潜游的虫蛇在水中吐毒，如果饮用则要先挖开口子，让有毒的水流走，注入新的泉水，才能舀取食饮。江河水要到远离人烟的地方去取，井水则要在经常使用的井中汲取。

【注释】

①挹（yì）：舀取。②其瀑（bào）涌湍漱：指山谷中激流而来的急水。瀑，同"暴"，水发飞溅的样子。③自火天至霜郊：从立夏到霜降。火天，酷暑时节。《诗经·七月》："七月流火。"霜郊，秋末冬初霜降大地，即二十四节气中的"霜降"，在农历九月下旬。

备茶图。

——

河北张家口市宣化张世卿家族墓，墓中除了文物外，最精彩和最具有研究价值的就是壁画，本图是壁画中的备茶部分。壁画中，一名女童正在碾茶，旁边摆放着盘子和茶饼；另一身着契丹装束的小童正在给煮茶的风炉吹气；后一排的成年男侍作取壶姿势，成年女侍端着茶盏朝男侍走去；男侍旁边桌子上摆放着壶、盏、瓶、夹、宗、札等茶道器具。作品描画了辽代从碾茶到煎茶的全过程，填补了辽代茶文化的空白。

【原文】

其沸，如鱼目①，微有声，为一沸；缘边如涌泉连珠，为二沸；腾波鼓浪，为三沸。已上水老，不可食也。初沸，则水合量调之以盐味，谓弃其啜余（啜，尝也，市税反，又市悦反）。无乃舩艦②而钟其一味乎？（上古暂反，下吐滥反，无味也。）第二沸，出水一瓢，以竹筴环激汤心，则量末当中心而下。有顷，势若奔涛溅沫，以所出水止之，而育其华也。

【译文】

生水煮熟时会浮起鱼眼一样的沸泡，并有轻微的咕嘟声，这是"一沸"；锅边沿的沸泡像连起来的珍珠一样，这是"二沸"；水像波浪一样翻滚，这是"三沸"。再继续煮，水就煮老了，不宜再饮。一沸时，预估水量用盐调味，倒掉尝过剩下的水。切不可因盐废水，一味喜欢咸！二沸时舀出一瓢水备用，用竹筴在锅内的水中转圈搅动，用茶则量好茶末，从水的漩涡中心倒入。很快，茶汤翻滚，茶水四溅如奔涛，再把二沸时舀出来的水加进锅里止住沸腾，保住茶汤表面生成的汤花精华。

【注释】

①如鱼目：水初沸时，水面有许多小气泡，像鱼眼，故称鱼目。后人又称"蟹眼"。②舩艦（gàntàn）：没有味道。

《煮茶图》。

明代，佚名，旧传宋人绘。绢本设色，105厘米×48.7厘米。

【原文】

凡酌，置诸碗，令沫饽^①均（字书并《本草》：饽，均茗沫也。蒲笏反）。沫饽，汤之华也。华之薄者曰沫，厚者曰饽，轻细者曰花。如枣花漂漂然于环池之上，又如回潭曲渚青萍之始生，又如晴天爽朗有浮云鳞然。其沫者，若绿钱^②浮于水渭^③，又如菊英堕于樽俎^④之中。饽者，以滓煮之，及沸，则重华累沫，皤皤然^⑤若积雪耳。《荈赋》所谓"焕如积雪，烨若春敷^⑥"，有之。

【译文】

分茶时，要均分至各碗，茶沫也要均匀（原注：《字书》和《本草》均记载："沫、饽，指的都是茶沫。"饽，音为蒲笏反切而成）。沫饽，就是茶汤的汤花和精华。汤花薄的为沫，汤花厚的为饽，汤花轻细的为花；有的像枣花轻漂池塘中，有的像浮萍漂游于回环曲折小洲边，有的像晴朗天空中的鱼鳞云。茶沫像水边漂浮的青苔，又像杯中舒展的菊花。饽是用茶渣煮出来的，煮沸时，层层汤花就会堆积起来，白花花的像积雪一样。《荈赋》形容为"明亮如积雪，光艳若春花"。

《烹茶图》。
——
近代，吴昌硕绘。

【注释】

① 沫饽（bō）：浮在茶汤上的泡沫。② 绿钱：苔藓。指青苔或像青苔一样的水草。③ 水湄：有水草的河边。湄，即湄，《说文》："湄，水草交为湄。"④ 樽（zūn）俎：各类餐具。樽是酒器，俎是砧板。⑤ 皤皤（pó）然：满头白发的样子，这里形容白色水沫。⑥ 烨若春敷（fū）：光艳若春花。烨，光辉明亮。敷，也作蒪，花的统称。《集韵》："蒪，花之通名。"

【原文】

第一煮水沸，而弃其沫，之上有水膜如黑云母^①，饮之则其味不正。其第一者为隽永（徐县、全县二反。至美者曰隽永。隽，味也。永，长也。味长曰隽永。《汉书》：蒯通著《隽永》二十篇也），或留熟盂以贮之，以备育华救沸之用。诸第一与第二、第三碗次之，第四、第五碗外，非渴甚莫之饮。凡煮水一升，酌分五碗（碗数少至三，多至五；若人多至十，加两炉）。乘热连饮之，以重浊凝其下，精英浮其上。如冷，则精英随气而竭，饮啜不消亦然矣。

【译文】

水煮到一沸时，要撇掉上面的水沫，因为水沫上有一层水膜，像黑云母一样，连同它喝，茶的味道是不纯正的。第一次舀出的茶汤，味道香醇，回味绵长（原注：隽，音为"徐县"或"全县"反切而得。最美的味道，才能称为隽永。隽，指的是味道。永，指的是绵长。味美且绵长为隽永，《汉书》记载有蒯通著《隽永》二十篇）。煮好的茶，可以留在熟盂中贮存，以便保养茶沫汤花和防止沸腾。再舀的第一、第二、第三碗茶汤，味道会差一些，第四、第五碗以后的茶汤，除非渴得厉害，否则就不要喝了。煮水一升，分茶五碗（原注：茶碗一般有三个，最多五个；如果客人超过十个，就加煮两壶）。要趁热接连饮用。因为茶汤中浊渣沉淀在下面，精茶壶展示。

松段壶。

底印：宝字龙印。

山水款粉彩壶。

清乾隆至嘉庆年间制，底印：山水花款。此壶壶身四方隐角有土沁，似为出土之物，今之仿品较多。

花款高腰钟形壶。

清道光年间制，底印：花款。此壶高身、束腰、长颈、圆钮、压盖。钟形壶一般为长桥钮，内嵌盖，高腰钟形壶较常见。

供春壶。

近代，宜兴陶瓷博物馆藏。

华浮在上面。如果茶凉了，茶汤中的精华就会随热气散发，喝得再多也没有用。

【注释】

① 黑云母：云母类矿物中的一种，为硅酸盐矿物。黑云母主要产出于变质岩中，在花岗岩等其他岩石也都有存在。黑云母的颜色从黑到褐、红色或绿色都有，具有玻璃光泽。形状为板状、柱状。

大彬提梁壶。

明代，时大彬制，南京博物院藏。

【原文】

茶性俭，不宜广，广则其味黯澹①。且如一满碗，啜半而味寡，况其广乎！其色缃②也，其馨㪱③也（香至美曰㪱。㪱音使）。其味甘，槚也；不甘而苦，荈也；啜苦咽甘，茶也（《本草》云："其味苦而不甘，槚也；甘而不苦，荈也。"）。

【译文】

茶性俭朴，不宜多加水，加多了水，茶味就寡淡了。即使是一碗茶，喝了一半味道就淡了，何况加多了水的茶汤！淡黄色的茶汤，香醇可口（原注：香醇可口即㪱。㪱，音为使）。味道甜的，是槚；不甜且苦涩的，是荈；含在嘴里发苦但咽下后回甜甘的，就是茶了（原注：《本草》则说："味苦而不甜的，是槚；甜而不苦的，是荈。"）。

【注释】

①黯澹：同"暗淡"。指茶味淡薄。②缃（xiāng）：淡黄色。③㪱（shí）：香醇可口，人间至味。

【述评】

下卷以六篇之巨，详细记载了唐代茶汤煮饮、历代茶事、全国九大茶区、茶器省用等。

第五篇"之煮"，记载了陆羽所处唐代煮茶全过程：烘烤茶饼（选择炭很重要）—蒸捣成茶末—煮茶汤（选择水很关键）—饮用（分茶与奉茶有讲究）。如今，这一套流程，在茶艺节目里被表演，行云流水，一气呵成，依旧是茶道的基本盘。变化了的，只是不再烘烤茶饼与蒸碾茶末。

水质决定茶味。山泉水煮好茶，掌控好每一个环节，必出臻品。通常情况下，石钟乳上滴下来的水和石缝中漫流而出的水，品质自然不差，这是陆羽的择水经验。诚然，山上植被繁茂，从山岩断层细流汇集而成的山泉，富含二氧化碳和各种对人体有益的微量元素；经过砂石过滤的泉水，水质清净晶莹，含氯、铁等化合物极少，用这种山泉水泡茶，茶的色、香、味、形自然展现淋漓。

明代张大复《梅花草堂笔谈》中描述："十分茶七分水；茶性必发于水，八分之茶遇十分之水亦十分矣；十分之茶遇八分水亦八分耶。"后世受此启发，在"山水为上，江水中，井水下"的指导下，不断发现水质上乘的名泉，以泡名茶，最相宜。如龙井、虎跑泉水泡西湖龙井茶，虎丘石泉泡碧螺春，惠山泉煮小龙团，丹井水泡绿雪芽……清代《长兴县志》载"紫笋茶、金沙泉"："顾渚贡茶院侧，有碧泉涌沙，灿如金星"，"清""活""轻""甘""冽"逐渐成为煮茶选水的五个标准。

"其沸，如鱼目，微有声，为一沸；缘边如涌泉连珠，为二沸；腾波鼓浪，为三沸。已上水老，不可食也。初沸，则水合量调之以盐味……第二沸，出水一瓢，以竹箸环激汤心，则量末当中心而下。有顷，势若奔涛溅沫，以所出水止之，而育其

《文会图》。

宋徽宗赵佶绘，描绘文人雅聚，喝茶饮酒赋诗的场景。赵佶一生爱茶，常以茶宴请群臣。画中九名文士坐在桌子周围，二人树下立谈，仆侍从九人，人物姿态生动有致。

华也。"陆羽记载的这种"三沸"煮茶法，撇掉一道"黑云母"，第一次舀出的茶汤，味道香醇，回味绵长，可称为"隽永"——这个词真妙！

继第一篇"之源"里的"精行俭德"之后，本篇又出现了一句"茶性俭，不宜广……"这类适合提升茶道美学的字句。

表述重点是饮用方法，茶汤不宜多加水，加多了，茶味就寡淡了。即使是一碗茶，喝了一半味道就淡了，何况加多了水的茶汤！

香醇可口的淡黄色茶汤隽永绵长，还需要多说什么呢？

周作人就在散文《喝茶》中，美美地写道："喝茶当于瓦屋纸窗之下，清泉绿茶，用素雅的陶瓷茶具，同二三人共饮，得半日之闲，可抵十年的尘梦。"

卷下

六之饮

【原文】

翼而飞，毛而走，呿①而言，此三者俱生于天地间，饮啄以活，饮之时义远矣哉！至若救渴，饮之以浆；蠲②忧忿，饮之以酒；荡昏寐，饮之以茶。

【译文】

有翅膀、能飞翔的鸟，有毛皮、能奔跑的兽，有嘴巴、会说话的人，三者生活在天地之间，依靠饮食维持生命，可见"饮"何其重要！所以为了解渴，需要饮水；为了消除悲愤，需要饮酒；为了消解困倦，需要饮茶。

【注释】

①呿（qù）：张口的样子，指会开口说话的人类。《集韵》："启口谓之呿。"②蠲（juān）：免除，清除。《史记·太史公自序》："蠲除肉刑。"

【原文】

　茶之为饮，发乎神农氏①，闻于鲁周公②。齐有晏婴③，汉有扬雄、司马相如④，吴有韦曜⑤，晋有刘琨、张载、远祖纳、谢安、左思之徒⑥，皆饮焉。滂⑦时浸俗，盛于国朝，两都并荆俞⑧间，以为比屋之饮。

【译文】

　茶作为饮品，始于上古时期的神农氏，周公记载而广为人知。齐国的晏婴，汉代的扬雄、司马相如，三国时期吴国的韦曜，两晋时期的刘琨、张载、陆纳、谢安、左思等，都喜欢饮茶。经过长期的流传，饮茶逐渐成为一种习俗，并在本朝兴盛起来。长安、洛阳东西二都以及江陵、渝州地区，家家户户皆饮茶。

【注释】

　①神农氏：传说中的上古三皇之一，教民稼穑，号神农，后世尊为炎帝。因有后人伪作的《神农本草经》等书流传，其中提到茶，故云"发乎神农氏"。②鲁周公：名姬旦，周文王之子，

谢安。

出身于东晋陈郡谢氏家族，东晋时期著名的政治家、名士。公元371年，权臣桓温废司马奕另立司马昱为帝，桓温因手握大权威震朝野，司马家族的王权岌岌可危，谢氏一族挺身而出，谢安挫败了桓温篡位的野心。

晏婴沮封。

——

选自《孔子圣迹图》。晏子，名婴，字仲。春秋时期著名政治家、思想家、外交家，历齐
灵公、庄公、景公三朝，辅政五十余年。此画描述的是晏子劝阻齐景公不可重用孔子。

辅佐武王灭商，建西周王朝，"制礼作乐"，后世尊为周公，因封国在鲁，又称鲁周公。后人伪托周
公作《尔雅》，讲到茶。③晏婴：字仲，春秋之际大政治家，为齐国名相。相传著有《晏子春秋》，
讲到他饮茶事。④扬雄、司马相如：扬雄见前注。司马相如（前179—前117），字长卿，蜀郡成
都人。西汉著名文学家，著有《子虚赋》《上林赋》等。⑤韦曜：字弘嗣，三国时人，在东吴历任
中书仆射、太傅等要职。⑥晋有刘琨、张载、远祖纳、谢安、左思之徒：刘琨，字越石，中山魏昌
（今河北无极县）人，曾任西晋平北大将军等职。张载，字孟阳，安平（今河北深州）人，文学家，
有《张孟阳集》传世。远祖纳，即陆纳，字祖言，吴郡（今江苏苏州）人，东晋时任吏部尚书等职。
陆羽与其同姓，故尊为远祖。谢安，字安石，陈国阳夏（今河南太康县）人，东晋名臣，历任太保、
大都督等职。左思（250—305），字太冲，山东临淄人，著名文学家，代表作有《三都赋》《咏史》
诗等。⑦滂：水势浩大，引申为浸润漫透之意。⑧两都并荆俞间：两都，长安和洛阳。荆，荆州，
治所在今湖北江陵。俞，当作渝，渝州，治所在今重庆一带。

《神农图》。

选自明代仇英《帝王道统万年图》。"五谷初艺,百草初尝。长养人寿,俾炽而昌。"
神农氏跋山涉水,不仅亲尝百草,更是发明农具,帮助百姓农耕。

《百马图》卷（局部）。

元代，佚名。

【原文】

饮有觕^①茶、散茶、末茶、饼茶者。乃斫、乃熬、乃炀、乃舂，贮于瓶缶之中，以汤沃焉，谓之痷^②茶。或用葱、姜、枣、橘皮、茱萸、薄荷之等，煮之百沸，或扬令滑，或煮去沫，斯沟渠间弃水耳，而习俗不已。

【译文】

饮用的茶分为粗茶、散茶、末茶、饼茶。都要经过采摘、蒸煮、烘焙、舂碾等程序加工，然后贮藏于瓶器、瓦罐中，用开水冲泡，称为痷茶。有的加入葱、姜、枣、橘皮、茱萸、薄荷等，经过长时间熬煮，或煮至扬出茶汤使之柔滑，或煮至沸腾撇掉茶沫，这样的茶汤如同沟渠中的废水，但这种习惯流传至今。

【注释】

①觕（cū）茶：粗茶。觕，同"粗"。②痷（ān）茶：被水浸泡过的茶叶。《博雅》："痷，病也。"

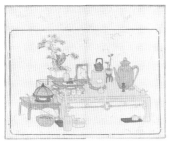
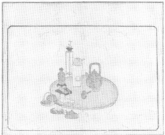
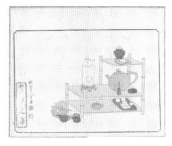

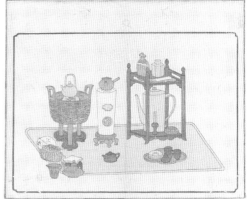

煎茶。

选自《煎茶图式》。日本，酒井忠恒绘。源于抹茶的烹煮法，即"陆羽式煎茶法"，专指陆羽在《茶经》中记载的饮茶方法。

【原文】

於戏！天育万物，皆有至妙。人之所工，但猎浅易。所庇者屋，屋精极；所著者衣，衣精极；所饱者饮食，食与酒皆精极之。茶有九难：一曰造，二曰别，三曰器，四曰火，五曰水，六曰炙，七曰末，八曰煮，九曰饮。阴采夜焙，非造也；嚼味嗅香，非别也；膻鼎腥瓯，非器也；膏薪庖炭，非火也；飞湍壅潦^①，非水也；外熟内生，非炙也；碧粉缥尘，非末也；操艰搅遽^②，非煮也；夏兴冬废，非饮也。

【译文】

呜呼！天育万物，皆有至妙。人类所能做的，只是一些浅显表面的工作。人类居住的房屋，建造得已经足够精美；穿的衣服，缝制得已经足够华美；吃的食物和酒，已经足够美味。但是，好茶有九大难处：一是采摘制作，二是鉴别品评，三是器具，四是用火，五是选水，六是烘焙，七是碾末，八是煎煮，九是饮用。阴雨天采摘而夜里烘焙，不能制出好茶；口嚼辨味鼻子闻香，无法鉴别茶；有膻腥味的鼎和碗，不能成为茶器；富含油脂的柴和厨房里用过的木炭，无法作为烘焙茶的燃料；飞流而下的急水和静止不动的死水，不能煮茶；烘焙茶饼时外熟里生，不是烤茶的正确方法；碾出的茶末太细且颜色发青发白，不是好的茶末；煮茶时操作不熟练或搅拌速度过快，无法煮出好茶；夏天喝茶而冬天不喝，不是饮茶的好习惯。

《松溪品茗图》。

明代，陈洪绶绘。

【注释】

①飞湍壅潦（lǎo）：飞湍，飞奔的急流。壅潦，停滞的积水。潦，雨后积水。②操艰搅遽（jù）：操作艰难、慌乱。遽，惶恐、窘急。

【原文】

夫珍鲜馥烈者，其碗数三。次之者，碗数五。若坐客数至五，行三碗；至七，行五碗；若六人以下，不约碗数，但阙一人而已，其隽永补所阙人。

【译文】

味道鲜美、茶香四溢的好茶，一炉只出三碗。次一些的，一炉能出五碗。如果上座的客人达到五位，舀出三碗分饮；上座的客人达到七位，舀出五碗分饮；如果是六人以下，则不定舀出的碗数，少一碗计算即可。最先舀出的那一碗"隽永"，足以补充。

《茗茶待品》。

清代，任伯年绘。

【述评】

"翼而飞，毛而走，呿而言，此三者俱生于天地间，饮啄以活，饮之时义远矣哉！至若救渴，饮之以浆；蠲忧忿，饮之以酒；荡昏寐，饮之以茶。"

谈茶论道之篇。陆羽以优美的文辞，纵论饮茶提神、饮茶习俗和正确的饮茶方法。

从神农氏到唐代，多少贤人喜茶，以茶之名行道，使饮茶成为习俗。从首都长安、洛阳到巴蜀地区，饮茶成为日常。凡事一旦日常，必然发展至文化审美阶段，这是中华优秀传统文化发展进程的必然，也是东方整体主义精神素养的应然。

陆羽的老朋友、吴兴妙喜寺住持、谢安后裔、诗僧皎然（谢清昼）《饮茶歌诮崔石使君》一诗，以三饮之感，将品茶从物质享受上升至精神追求，首次提出了"茶道"这个词。

越人遗我剡溪茗，采得金芽爨金鼎。
素瓷雪色缥沫香，何似诸仙琼蕊浆。
一饮涤昏寐，情思朗爽满天地。
再饮清我神，忽如飞雨洒轻尘。
三饮便得道，何须苦心破烦恼。
此物清高世莫知，世人饮酒徒自欺。
愁看毕卓瓮间夜，笑向陶潜篱下时。
崔侯啜之意不已，狂歌一曲惊人耳。
孰知茶道全尔真，唯有丹丘得如此。

这一段论理非常精彩:"於戏!天育万物,皆有至妙。人之所工,但猎浅易。所庇者屋,屋精极;所著者衣,衣精极;所饱者饮食,食与酒皆精极之……"笔锋一转,陆羽给出"茶有九难":一是采摘制作,二是鉴别品评,三是器具,四是用火,五是选水,六是烘焙,七是碾末,八是烹煮,九是饮用。

无论多难,总有人求之甚切。为什么呢?对身体好啊!

作为一种健康饮品,饮茶究竟有什么保健功能,我们听医生的。

北京协和医院营养科主任医师马方说,茶对大多数人而言是一个天然的养生保健饮品,好处很多,饮用得当可以止渴、消食、除痰、提神、明目,可以防止多种的疾病。他总结饮茶的五大功能如下:

1. 抵抗癌症或者预防癌症。癌症到如今已经形成对人类健康最大的威胁之一,茶叶中含有儿茶素,绿茶中含量尤其多,占茶叶的15%—20%,儿茶素等黄酮类物质有一定的抗癌作用。茶叶中还含有一定的维生素 C 和维生素 E,也有辅助抗癌的一个功效。

2. 防辐射。因为茶叶中含有多酚、脂多糖、维生素 C 和胡萝卜素,这些营养成分结合起来可以吸收一些放射性物质锶,使之以粪便的形式排出体外。茶叶中的成分对于质子束、X 线或者是 γ 射线所引起的外辐射损伤还有防治作用,能够有效地防治放射性的物质对人体带来的一些危害。

3. 茶叶可帮助降低心血管疾病的风险。高血压、冠心病产生的一个主要原因是血脂和胆固醇的升高,从而出现动脉的粥样硬化。喝茶可以有效地降低血脂和胆固醇的水平,因为茶多酚可以抑制动脉平滑肌的细胞增殖,具有明显的抗凝及促进纤维蛋白溶解、抗血液斑块形成、降低毛细血管的脆性和血液黏稠度的作用。

4. 茶叶还有杀菌消毒的好处。有研究表明茶叶对沙门氏菌、葡萄球菌、炭疽杆菌、枯草杆菌、白喉杆菌、变形杆菌等有害细菌的生长繁殖都有抑制作用。

5. 茶叶能够止渴消暑。炎热的夏季喝上一杯清茶，可感到满口生津、遍体凉爽，是一个解暑佳品。因为茶叶中的多酚，还有糖类、果胶、氨基酸等成分与唾液发生化学反应，使口腔得到滋润，产生一些清凉的感觉。另外茶叶中的咖啡碱也可以在人体的内部调节体温中枢，从而能够达到调节体温的目的。

茶叶有很多好处，但是饮茶的时候也应该注意不要过量，大量的茶水积聚在肠道也有可能影响膈肌的正常活动，对于心脏可能会造成负担。此外，也不要常喝太浓的茶，因为过度的浓茶会导致咖啡因摄入量较多，吸收进入血液之后，可能会造成神经系统的兴奋，也可能会出现一些过敏或者是肌肉震颤等现象。同时，过浓的茶水对于胃肠道刺激作用也可能比较大，因而空腹不宜饮太浓的茶。醉酒后喝茶也可能会加重心脏负担，因此喝酒以后也不建议过度地饮用浓茶。

听从权威医生的建议，饮茶适度、懂"俭"，也是陆羽的主张。

"夫珍鲜馥烈者，其碗数三。次之者，碗数五。若座客数至五，行三碗；至七，行五碗；若六人以下，不约碗数，但阙一人而已，其隽永补所阙人。"以分茶、奉茶细则收尾：不要那么多，只要"珍鲜馥烈"的"隽永"……言之有物。篇终不接混茫。

卷下

七之事

【原文】

三皇：炎帝神农氏。

【译文】

上古三皇时期：炎帝神农氏。

【原文】

周：鲁周公旦，齐相晏婴。

【译文】

周代：鲁国周公姬旦，齐国相国晏婴。

炎帝神農氏 姜娃人身牛首 火德王

炎帝。
—

炎帝又称赤帝、烈山氏，名石年，相传牛头人身，是以羊为图腾的氏族的首领。阪泉战后，黄帝部落和炎帝部落渐渐融合成了华夏族。华夏族在汉代后称为汉人，唐代后称为唐人。炎帝和黄帝也是中国文化、技术的始祖，传说他们创造了上古时期几乎所有的重要发明。

【原文】

汉：仙人丹丘子，黄山君，司马文园令相如，扬执戟雄。

【译文】

汉代：仙人丹丘子，黄山君，孝文园令司马相如，执戟郎扬雄。

【原文】

吴：归命侯①，韦太傅弘嗣。

【译文】

三国之吴：归命侯孙皓，太傅韦曜。

【注释】

①归命侯：即孙皓，东吴亡国之君。公元280年，晋灭东吴，孙皓投降，封"归命侯"。

扬雄。

选自《历代帝王圣贤名臣大儒遗像》。扬雄，蜀郡成都人，西汉后期著名学者、哲学家、文学家。

【原文】

晋：惠帝^①，刘司空琨，琨兄子兖州刺史演，张黄门孟阳^②，傅司隶咸^③，江洗马统^④，孙参军楚^⑤，左记室太冲，陆吴兴纳，纳兄子会稽内史俶，谢冠军安石，郭弘农璞，桓扬州温^⑥，杜舍人育，武康小山寺释法瑶，沛国夏侯恺^⑦，余姚虞洪，北地傅巽，丹阳弘君举，乐安任育长^⑧，宣城秦精，敦煌单道开^⑨，剡县陈务妻，广陵老姥，河内山谦之。

【译文】

两晋时期：晋惠帝司马衷，司空刘琨，刘琨的侄子兖州刺史刘演，黄门侍郎张孟阳，司隶校尉傅咸，太子洗马江统，参军孙楚，记室左太冲，吴兴太守陆纳，陆纳的侄子会稽内史陆俶，冠军将军谢安石，弘农太守郭璞，扬州牧桓温，中书舍人杜育，武康小山寺释法瑶，沛国人夏侯恺，余姚人虞洪，北地人傅巽，丹阳人弘君举，乐安人任育长，宣城人秦精，敦煌人单道开，剡县人陈务的妻子，广陵郡的一位老姥，河内人山谦之。

【注释】

①惠帝：晋惠帝司马衷，290—306 年在位。②张黄门孟阳：张载字孟阳，但未任过黄门侍郎。任黄门侍郎的是他的弟弟张协。③傅司隶咸：傅咸（239—294），字长虞，北地泥阳人（今陕西铜

川），官至司隶校尉，简称司隶。④江洗马统：江统（？-310），字应元，陈留县人（今河南杞县东），曾任太子洗马。⑤孙参军楚：孙楚（？-293），字子荆，太原中都人（今山西平遥县），曾任扶风的参军。⑥桓扬州温：桓温（312-373），字元子，龙亢人（今安徽怀远县西），曾任扬州牧等职。⑦沛国夏侯恺：晋书无传，干宝《搜神记》中提到他。⑧乐安任育长：任育长，生卒年不详，名瞻，字育长，乐安人（今山东博兴一带），曾任天门太守等职。⑨敦煌单道开：晋时著名道士，敦煌人。《晋书》有传。

【原文】

后魏：琅琊王肃①。

【译文】

北魏：琅琊人王肃。

【注释】

①琅琊王肃：王肃（464—501），字恭懿，琅琊人（今山东临沂），北魏著名文士，曾任尚书令等职。

【原文】

宋：新安王子鸾，鸾弟豫章王子尚^①，鲍昭妹令晖^②，八公山沙门昙济^③。

【译文】

南朝宋：新安王刘子鸾，刘子鸾之兄豫章王刘子尚，鲍昭之妹鲍令晖，八公山沙门和尚昙济。

【注释】

①新安王子鸾，鸾弟豫章王子尚：刘子鸾、刘子尚，都是南北朝时宋孝武帝的儿子。一封新安王，一封豫章王。但子尚为兄，子鸾为弟。②鲍昭妹令晖：鲍昭（414—466），字明远，东海郡人（今江苏镇江），南朝著名诗人。其妹令晖，擅长词赋，钟嵘《诗品》："歌诗往往崭绝清巧，拟古尤胜。"③八公山沙门昙济：八公山，在今安徽寿县北。沙门，佛家指出家修行的人。昙济，即下文说的"昙济道人"。

【原文】

齐：世祖武帝^①。

【译文】

南朝齐：世祖武帝萧赜。

【注释】

①世祖武帝：南北朝时南齐的第二个皇帝萧赜（440-493），字宣远，小名龙儿，483-493年在位。卒谥武帝，庙号世祖。

【原文】

梁：刘廷尉①，陶先生弘景②。

【译文】

南朝梁：廷尉卿刘孝绰，先生陶弘景。

【注释】

①刘廷尉：即刘孝绰（481—539），彭城人（今江苏徐州）。为梁昭明太子赏识，任太子仆兼廷尉卿。②陶先生弘景：即陶弘景（456—536），字通明，秣陵人（今江苏南京），有《神农本草经集注》传世。

【原文】

皇朝①：徐英公勋②。

【译文】

唐代：英国公徐世勋。

【注释】

①皇朝：指唐朝。②徐英公勋（jì）：徐世勋（594—669），字懋功，唐代开国功臣，封英国公。

【原文】

《神农食经》^①：茶茗久服，令人有力、悦志。

【译文】

《神农食经》记载：长期饮茶，使人浑身有劲、精神愉悦。

【注释】

①《神农食经》：古书名，已佚。

【原文】

周公《尔雅》：槚，苦荼。

【译文】

周公《尔雅》记载：槚，就是苦荼。

【原文】

《广雅》^①云：荆巴间采叶作饼，叶老者，饼成，以米膏出之。欲煮茗饮，先炙令赤色，捣末，置瓷器中，以汤浇覆之，用葱、姜、橘子芼^②之。其饮醒酒，令人不眠。

【译文】

《广雅》记载：荆州、巴州一带的人采摘茶叶制作茶饼，如果茶叶老了，就掺和米汤制作茶饼。欲煮茶饮，先将茶饼烤成赤红色，捣碎成粉末，放在瓷器里，注入沸水，再加入葱、姜、橘子搅拌均匀。饮这样的茶可以醒酒，令人兴奋难眠。

【注释】

①《广雅》：字书。三国时张辑撰，是对《尔雅》的补作。
②芼（mào）：搅拌均匀。

【原文】

《晏子春秋》^①：婴相齐景公时，食脱粟之饭，炙三弋^②五卵，茗菜而已。

【译文】

《晏子春秋》记载：晏婴在齐景公时当相国，吃的是粗米淡饭，三五样烧熟的禽鸟禽蛋、茶与蔬菜而已。

【注释】

①《晏子春秋》：又称《晏子》，旧题齐晏婴撰，实为后人采晏子事辑成，成书约在汉初。此处陆羽引书有误，《晏子春秋》原为："炙三弋五卵苔菜耳矣"，不是"茗菜"。②弋（yì）：指禽类。

【原文】

司马相如《凡将篇》^①：乌喙，桔梗，芫华，款冬，贝母，木蘗，蒌，芩草，芍药，桂，漏芦，蜚廉，藿菌，荈诧，白敛，白芷，菖蒲，芒消，莞椒，茱萸。

【译文】

司马相如《凡将篇》记载：乌喙、桔梗、芫华、款冬、贝母、木蘗、蒌、芩草、芍药、桂、漏芦、蜚廉、藿菌、荈诧、白敛、白芷、菖蒲、芒消、莞椒、茱萸。

【注释】

①《凡将篇》：伪托司马相如作的字书，已佚。此处引文为后人所辑。

【原文】

《方言》：蜀西南人谓茶曰蔎。

【译文】

《方言》记载：四川西南部的人把茶称为蔎。

【原文】

《吴志·韦曜传》：孙皓每飨宴，坐席无不率以七胜为限，虽不尽入口，皆浇灌取尽。曜饮酒不过二升，皓初礼异，密赐茶荈以代酒。

【译文】

《吴志·韦曜传》记载：孙皓每次摆酒设宴，座中的客人都要至少喝酒七升，即使无法全部喝光，也要把酒器中的酒全部倒完。韦曜酒量不足二升，孙皓当初很照顾他，暗地里给韦曜倒茶以代酒。

宴饮雅居。

——

《苏州市景商业图册》节选。

宋人摹五代顾闳中《韩熙载夜宴图》。

北京故宫博物院藏。图卷描绘了后唐官员韩熙载家设夜宴载歌行乐的场面，共有五个场景：宴罢聆听、击鼓伴舞、画屏小憩、玉人清吹、夜阑余兴。

【原文】

《晋中兴书》：陆纳为吴兴太守时，卫将军谢安尝欲诣纳（《晋书》云：纳为吏部尚书）。纳兄子俶怪纳无所备，不敢问之，乃私蓄十数人馔。安既至，所设唯茶果而已。俶遂陈盛馔，珍羞必具。及安去，纳杖俶四十，云："汝既不能光益叔父，奈何秽吾素业？"

【译文】

《晋中兴书》记载：陆纳担任吴兴太守时，卫将军谢安曾想拜访他（原注：《晋书》中记载陆纳担任的是吏部尚书），他的侄子陆俶惊讶于他全无准备，但又不敢多问，就私下准备了十多个人吃的酒菜。谢安来了，陆纳只摆了茶和果品招待。陆俶赶紧命人端上丰盛的酒菜，美味佳肴一应俱全。谢安走后，陆纳打了陆俶四十大板，指责说："你既然不能为叔父增加光彩，为什么还要玷污我素来俭朴的名声呢？"

天茶星壶。

明代万历年间，李仲芳制。

【原文】

《晋书》：桓温为扬州牧，性俭，每宴饮，唯下七奠柈茶果而已①。

【译文】

《晋书》记载：桓温任扬州牧时，品性俭朴，每次宴请客人，只摆七盘茶果。

【注释】

① 下：摆出。奠（dìng）：同"钉"，放置食物器皿的量词。柈（pán）：同"盘"，盘子。

清翡翠水果盘。

———

高 7.9 厘米，直径 17.8 厘米。

《西园雅集图》。

宋代，李公麟绘。在古代，文人之间的集会称为「雅集」，史上著名的雅集，一是东晋时期的「兰亭集」，二是北宋汴京的「西园雅集」。「西园雅集」因李公麟的画和米芾的题记而著名，后世多摹《西园雅集图》。此图描绘了包括李公麟在内的众多文人雅士（苏东坡、黄庭坚、米芾等），在驸马都尉王诜府中写字赋诗、游乐聚会的情景。

【原文】

《搜神记》^①：夏侯恺因疾死。宗人字苟奴察见鬼神，见恺来收马，并病其妻。著平上帻^②、单衣，入坐生时西壁大床，就人觅茶饮。

【译文】

《搜神记》记载：夏侯恺患病去世。同族中人苟奴能通鬼神，看见夏侯恺来牵马，并让他的妻子也患了病。苟奴看见夏侯恺戴着平头巾、穿着单衣，坐在生前常坐的靠西墙的大床上，吩咐仆人端茶送水。

【注释】

① 《搜神记》：东晋干宝著，计二十卷，为中国第一部志怪小说。② 帻（zé）：古代武官佩戴的一种平顶头巾。

【原文】

刘琨《与兄子南兖州①刺史演书》云：前得安州②干姜一斤，桂一斤，黄芩一斤，皆所须也。吾体中溃闷③，常仰真茶，汝可置之。

【译文】

刘琨在《与兄子南兖州刺史演书》中写道：几日前收到你寄来的安州干姜、肉桂、黄芩各一斤，这些都是我所需要的。我内心烦闷，不时想喝点好茶提神，你可以为我多置办一些。

【注释】

①南兖州：晋代州名，治所在今江苏镇江市。②安州：晋代州名，治所在今湖北安陆一带。③溃闷：溃，当作愦，崩溃，烦闷，郁闷。

【原文】

傅咸《司隶教》曰：闻南方有以困蜀妪作茶粥卖，为廉事^①打破其器具，又卖饼于市。而禁茶粥以困蜀姥，何哉？

【译文】

傅咸在《司隶教》中写道：听说南市有个四川妇人在卖茶粥，官员们打碎了她制茶粥的器具，后来妇人又去市场上卖饼。为什么要禁止卖茶粥呢？是故意为难四川妇人吗？

【注释】

① 廉事：官吏职位名，主管工商业。

《卖浆图》。

清代，姚文翰仿《茗园赌市图》所作。描绘的是街头巷尾为平民服务的小摊小贩喝茶斗茶的场景，六个小商贩提着各自的竹制茶笼，刻画得惟妙惟肖。

【原文】

《神异记》[①]：余姚人虞洪，入山采茗，遇一道士，牵三青牛，引洪至瀑布山，曰："吾，丹丘子也。闻子善具饮，常思见惠。山中有大茗，可以相给。祈子他日有瓯牺之余，乞相遗也。"因立奠祀。后常令家人入山，获大茗焉。

【译文】

《神异记》记载：余姚人虞洪，进山采摘茶叶，遇到一个道士，牵着三头青牛，为虞洪引路到瀑布山，说："我是丹丘子。听说你很会煮茶，就想让你煮点茶给我喝。这山里有大茶树，你可以采摘，只希望以后你的茶杯中有多余的茶水时，可以分给我一些。"因此，虞洪在家中为丹丘子立了牌位，经常以茶献祭。后来他经常让家人进山寻茶，果然发现了大茶树。

【注释】

①《神异记》：西晋王浮著，原书已佚。

牧牛图。

佚名绘。

【原文】

左思《娇女诗》^①：吾家有娇女，皎皎颇白皙。小字为纨素，口齿自清历。有姊字蕙芳，眉目粲如画。驰骛翔园林，果下皆生摘。贪华风雨中，倏忽数百适。心为茶荈剧，吹嘘对鼎䥯^②。

【译文】

左思的《娇女诗》如是写：我家有两个娇娇女，皮肤又白又干净。小女儿名唤纨素，口齿伶俐又清晰。有个姐姐叫蕙芳，眉目传神美如画。欢呼雀跃园林中，果子未熟即摘下。爱花不顾风雨中，跑进跑出百余次。茶汤未开心焦急，对着茶炉猛吹气。

【注释】

① 左思《娇女诗》：原诗五十六句，陆羽所引仅为有关茶的十二句。② 鼎䥯（lì）：煮茶的鼎状锅。

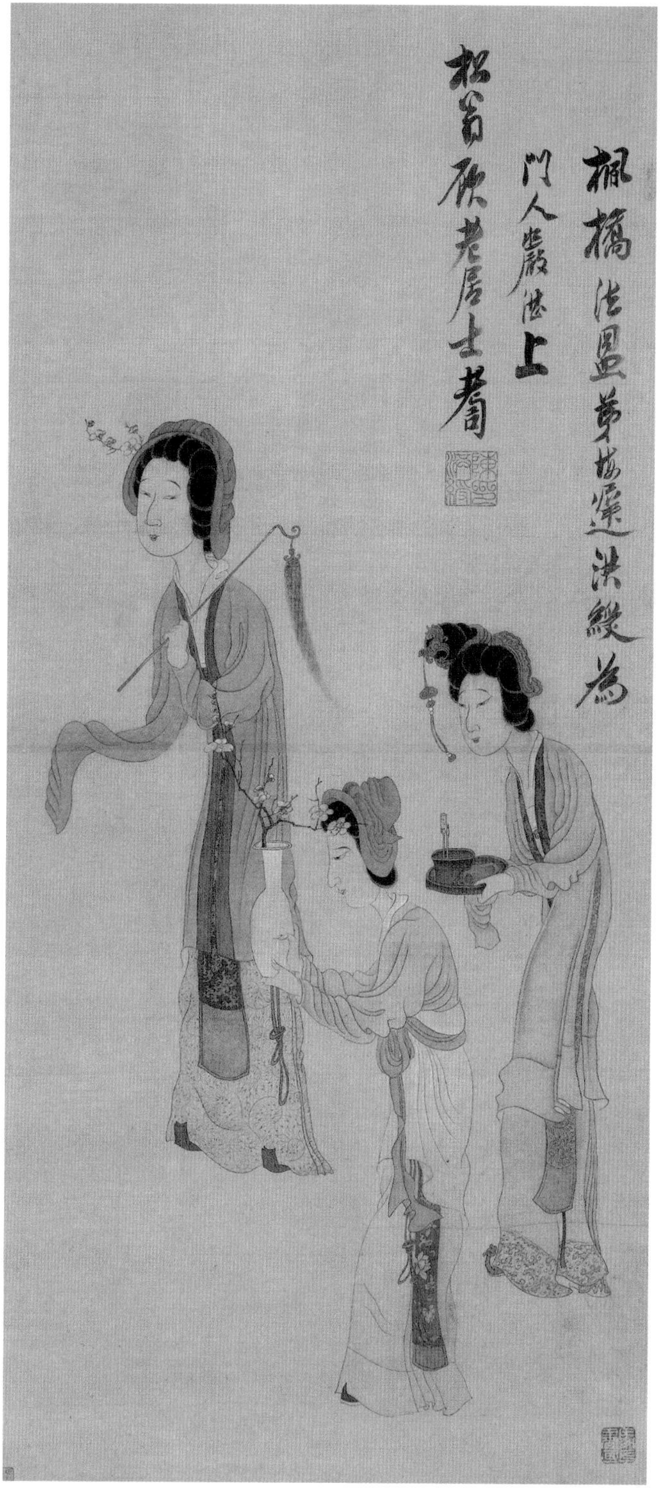

栩桥法盟萬枞遥洪綬為
門人嚴湜上
招香阁老居士畫

《仕女图》轴。

明代，陈洪绶绘。

【原文】

张孟阳《登成都楼诗》^①云：借问扬子舍，想见长卿庐。程卓累千金，骄侈拟五侯。门有连骑客，翠带腰吴钩。鼎食随时进，百和妙且殊。披林采秋橘，临江钓春鱼。黑子过龙醢^②，果馔逾蟹蝑^③。芳茶冠六清，溢味播九区。人生苟安乐，兹土聊可娱。

【译文】

张孟阳的《登成都楼诗》如此写：我想问一问，扬雄的房子在哪里？司马相如的呢？昔日程郑、卓王孙豪门巨富，骄侈比王侯。门前车水马龙，腰上挂翠玉与宝刀。吃时令鲜蔬，品美味佳肴。秋天入林摘橘，春日临江钓鱼。黑子胜龙肉，瓜果胜蟹黄。茶汤清香，香飘四海。人生何处可安乐，最是此地可寻欢。

【注释】

① 张孟阳《登成都楼诗》：张孟阳，见前注。原诗三十二句，陆羽仅录有关茶的十六句。② 龙醢（hǎi）：龙肉酱。这里指极美味的食品。③ 蟹蝑（xū）：蟹黄。

【原文】

傅巽《七诲》：蒲桃宛柰^①，齐柿燕栗，峘阳^②黄梨，巫山朱橘，南中茶子，西极石蜜。

【译文】

傅巽《七诲》记载：蒲地的桃，宛地的柰，齐地的柿，燕地的栗，峘阳的黄梨，巫山的朱橘，南中的茶子，西域的石蜜。

【注释】

①柰（nài）：一种味如苹果的沙果。②峘（héng）阳：地名。峘，同"恒"。

清乾隆粉彩像生瓷果品盘。

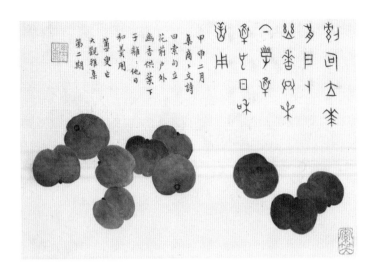

生梨。

选自《果品图册》。近代，丁辅之绘。

桔子。

选自《果品图册》。近代，丁辅之绘。

【原文】

弘君举《食檄》：寒温既毕，应下霜华之茗。三爵而终，应下诸蔗、木瓜、元李、杨梅、五味、橄榄、悬豹、葵羹各一杯。

【译文】

弘君举在《食檄》中写：寒暄过后，应奉上沫白如霜的好茶。三杯茶后，再奉上甘蔗、木瓜、元李、杨梅、五味、橄榄、悬钩、葵羹各一杯。

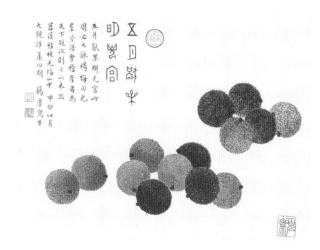

杨梅。

——

选自《果品图册》。
近代，丁辅之绘。

【原文】

孙楚《歌》：茱萸出芳树颠，鲤鱼出洛水泉。白盐出河东，美豉出鲁渊。姜、桂、茶荈出巴蜀，椒、橘、木兰出高山。蓼苏①出沟渠，精稗出中田②。

【译文】

孙楚的《歌》如是写：茱萸长在芳树尖，鲤鱼出自洛水泉。白盐出自河东郡，美豉出自鲁地的湖泽。姜、桂、茶叶出在巴蜀，椒、橘、木兰长在高山。蓼苏长在沟渠，精米长在田中。

【注释】

① 蓼（liǎo）苏：一种带辛辣味道的作料。
② 中田：即田中。

【原文】

华佗《食论》①：苦茶久食，益意思。

【译文】

华佗《食论》记载：长期饮茶，有益思考。

【注释】

① 华佗《食论》：华佗（约141—208），字元化，东汉末著名医师。《三国志·魏书》有传。

【原文】

壶居士①《食忌》：苦茶久食，羽化。与韭同食，令人体重。

【译文】

壶居士《食忌》记载：长期饮茶，可减肥至飘飘欲仙。如与韭菜同食，可增体重。

【注释】

①壶居士：道家臆造的真人之一，又称壶公。

【原文】

郭璞《尔雅注》云：树小似栀子，冬生叶可煮羹饮。今呼早取为茶，晚取为茗，或一曰荈，蜀人名之苦茶。

【译文】

郭璞在《尔雅注》中写道：茶树矮小如栀子，冬天生长的树叶，可以煮汤饮用。现在的人把早采摘的称为"茶"，晚采摘的称为"茗"或"荈"，四川地区的人称之为"苦茶"。

【原文】

《世说》^①：任瞻，字育长。少时有令名，自过江失志^②。既下饮，问人云："此为茶？为茗？"觉人有怪色，乃自分明云："向问饮为热为冷。"

【译文】

《世说新语》记载：任瞻，字育长，年少时就有好名声，自从北人过江之后便神志不清。一次饮茶时，他问人："这是茶，还是茗？"看到被问的人脸上神色怪异，便自言自语，转辩说："我问这茶是热的还是凉的。"

【注释】

①《世说》：即《世说新语》，南朝宋临川王刘义庆著，为中国志人小说之始。②失志：失去神志，没有精神。形容人恍恍惚惚、丧魂失魄的样子。

【原文】

《续搜神记》^①：晋武帝世，宣城人秦精，常入武昌山采茗。遇一毛人，长丈余，引精至山下，示以丛茗而去。俄而复还，乃探怀中橘以遗精。精怖，负茗而归。

【译文】

《续搜神记》记载：西晋武帝时，宣城商人秦精，常去武昌山采茶。有一次遇见一个毛人，身高一丈多，引他到一座山下，指给他一个茶树林然后离去。不一会儿又回来，从怀中取出橘子送给秦精。秦精惊恐无比，赶紧背着茶叶回家。

【注释】

①《续搜神记》：旧题陶潜著，实为后人伪托。

溪山寻胜。

佚名绘。

【原文】

《晋四王起事》[①]：惠帝蒙尘还洛阳，黄门以瓦盂盛茶上至尊。

【译文】

《晋四王起事》记载：晋惠帝蒙难逃回洛阳宫中，宦官奉上用瓦罐盛的茶汤。

【注释】

①《晋四王起事》：南朝卢綝（chēn）著，已佚。卢綝曾任尚书郎、廷尉，敦煌《修文殿御览》残卷中见有引自卢綝的《晋八王故事》。

青花夔龙纹茶叶罐。
——
清代雍正年间。

【原文】

《异苑》^①：剡县陈务妻，少与二子寡居，好饮茶茗。以宅中有古冢，每饮，辄先祀之。二子患之，曰："古冢何知？徒以劳意！"欲掘去之，母苦禁而止。其夜，梦一人云："吾止此冢三百余年，卿二子恒欲见毁，赖相保护，又享吾佳茗，虽潜壤朽骨，岂忘翳桑之报^②！"及晓，于庭中获钱十万，似久埋者，但贯新耳。母告二子，惭之，从是祷馈愈甚。

【译文】

《异苑》记载：剡县陈务的妻子，年纪轻轻就带着两个儿子守寡，她喜欢饮茶。因为家中有一座古墓，每次饮茶，都要向古墓敬献。两个儿子感到很厌烦，说："古墓里的人什么都不知道，你这是在白费功夫！"打算挖掉古墓，母亲苦苦劝说才作罢。当天夜里，母亲梦见一个人对她说："我在这个古墓中住了三百多年，你的两个儿子总想毁掉它，多亏了你的保护，你还经常给我献茶，我尽管已是埋在古墓中的枯骨，但也不会忘记报答你的恩情！"第二天黎明，她在宅院里获得十万枚钱币，看上去像在土里埋了很久，穿钱的绳子却是新的。母亲把这件事告诉了两个儿子，他们心生愧疚，从此更加虔诚地奉茶祭奠古墓。

【注释】

①《异苑》：东晋末刘敬叔所撰，今存十卷。②翳桑之报：翳桑，古地名。春秋时晋赵盾，曾在翳桑救了即将饿死的灵辄，后来晋灵公欲杀赵盾，灵辄倒戟相助，救出赵盾。后世称此事为"翳桑之报"。

闻雷泣墓。

选自《二十四孝图》。三国末期魏国的王裒懂孝顺，母亲在世时害怕雷声，死后葬在山林中，每逢雷雨交加，王裒都跑到母亲墓旁，跪拜安慰母亲不要害怕。

【原文】

《广陵耆老传》：晋元帝时有老姥，每旦独提一器茗，往市鬻^①之，市人竞买。自旦至夕，其器不减。所得钱散路旁孤贫乞人，人或异之。州法曹絷^②之狱中。至夜，老姥执所鬻茗器，从狱牖^③中飞出。

【译文】

《广陵耆老传》记载：晋元帝时，有一个老妇人每天早晨独自提着一壶茶汤，到市场上去卖。市场里的人们竞相购买，从早到晚，壶里的茶水丝毫不减。老妇人把卖茶汤所得的钱财全部散发给路边的孤贫老人和乞丐，有人感到非常奇怪。州郡的官员将老妇人抓进牢里。到了夜里，只见老妇人提着卖茶汤的壶，从监狱的窗口飞身而去。

【注释】

① 鬻（yù）：卖。② 絷（zhí）：拘禁，束缚。③ 狱牖（yǒu）：监狱的窗口。牖，窗户、窗口。

【原文】

《艺术传》^①：敦煌人单道开，不畏寒暑，常服小石子。所服药有松、桂、蜜之气，所饮茶苏^②而已。

【译文】

《艺术传》记载：敦煌人单道开，不怕寒暑，经常吃小石子，他服用的药有松、桂、蜜的气息，所饮的也只是茶和紫苏煮的汤。

【注释】

①《艺术传》：唐房玄龄所著《晋书·艺术列传》。②茶苏：用茶和紫苏煮的汤。

【原文】

释道说《续名僧传》：宋释法瑶，姓杨氏，河东人。元嘉中过江，遇沈台真，请真君武康小山寺，年垂悬车^①，饭所饮茶。大明中，敕吴兴礼致上京，年七十九。

【译文】

释道说在《续名僧传》中讲道：南朝宋代有个和尚法瑶，姓杨，河东人。元嘉年间从北方渡江到南方，遇到了沈演之，并请他去武康小山寺小住，当时法瑶年事已高，以饮茶当饭。大明年间，皇帝下诏，让吴兴的官员礼送法瑶进京，这时他已经七十九岁了。

【注释】

①悬车：太阳落山的时候。指人太老了，年事已高。《淮南子》曰："日至悲泉，爰息其马。"就是这个意思。

《山水图轴》。

清代，唐英绘。

【原文】

宋《江氏家传》^①：江统，字应元，迁愍怀太子洗马^②，尝上疏，谏云："今西园卖醯^③、面、蓝子、菜、茶之属，亏败国体。"

【译文】

南朝宋《江氏家传》记载：江统，字应元，迁升为愍怀太子洗马时，曾上疏劝谏太子："现在西园里卖醋、面、蓝子、菜、茶之类，有损朝廷体统。"

【注释】

①《江氏家传》：南朝宋江饶著。已佚。②愍（mǐn）怀太子：晋惠帝之子司马遹，立为太子，元康元年（300）被贾后害死，年仅二十一岁。③醯（xī）：醋。陆德明《经典释文》："醯，酢（醋）也。"

【原文】

《宋录》：新安王子鸾、豫章王子尚诣昙济道人于八公山。道人设茶茗，子尚味之，曰："此甘露也，何言茶茗？"

【译文】

《宋录》记载：新安王刘子鸾、豫章王刘子尚，去八公山拜访昙济道人。昙济道人摆茶招待，刘子尚品尝后说："这分明是甘露啊，为什么说是茶呢？"

【原文】

王微《杂诗》①：寂寂掩高阁，寥寥空广厦。待君竟不归，收领今就槚。

【译文】

王微的《杂诗》写道：轻轻地掩上高阁的门，冷清的大楼变得寂寥。久久地等待随军的丈夫却不归来，只能收起泪眼进屋饮茶。

【注释】

① 王微《杂诗》：王微，南朝诗人。《杂诗》原二十八句，陆羽仅录四句。

【原文】

鲍昭妹令晖著《香茗赋》。

【译文】

鲍昭的妹妹鲍令晖著有《香茗赋》。

桐荫品茶。

选自《十二美人
图》。清初宫廷画
家创作的工笔重彩
人物画，画中仕女
手持纨扇，坐在梧
桐树下静心品茶。

【原文】

南齐世祖武皇帝《遗诏》[①]：我灵座上慎勿以牲为祭，但设饼果、茶饮、干饭、酒脯而已。

【译文】

南齐世祖武皇帝《遗诏》：切勿在我的灵座前摆牛羊牲祭，只要摆上饼果、茶饮、干饭、酒和肉干就可以了。

【注释】

① 南齐世祖武帝《遗诏》：南朝齐武皇帝名萧赜，《遗诏》写于齐永明十一年（493）。

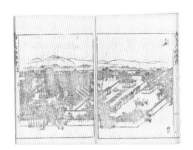

太庙。

明清皇帝祭祖的地方。

太庙前殿时飨配位图。

时飨，即时享。太庙四时的祭祀，在祭祀时帝王与臣子都要行时飨礼。古语《国语·周语上》："日祭、月祀、时享、岁贡、终王，先王之训也。"

太庙前殿时飨陈设图。

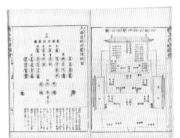

皇帝和皇后各一份祭器，为登、铏、爵、簠、簋、笾、豆，分别盛放不同祭品。其中，登装太羹，铏装和羹，簠装稻、粱和黍、稷，笾和豆分装十二类食物。俎置牛、羊、豕（猪）和烛、香，篚置帛。

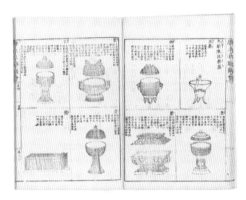

太庙陈设祭器1。

登、铏、玉爵、俎、簠、笾、豆、篚、尊罍。

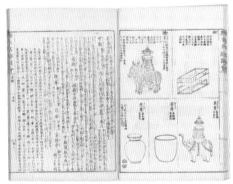

太庙陈设祭器2。

俎，牺尊，象尊，著尊，壶尊。

太庙与社稷坛。

清代，《唐土名胜图会》。太庙是供奉皇家列祖列宗的宗庙，社稷指的是社神（土地神）和稷神（五谷神），社稷合称，代指国家。太庙和社稷坛分别在紫禁城的东边和西边，按照《周礼·考工记》的"左祖右社"布局。

【原文】

梁刘孝绰《谢晋安王饷米等启》^①：传诏李孟孙宣教旨，垂赐米、酒、瓜、笋、菹^②、脯、酢^③、茗八种。气苾^④新城，味芳云松；江潭抽节，迈昌荇之珍；疆埸^⑤擢翘，越葺精之美。羞非纯^⑥束野麛^⑦，裛^⑧似雪之驴；鲊^⑨异陶瓶河鲤，操如琼之粲。茗同食粲，酢类望柑。免千里宿舂，省三月种聚。小人怀惠，大懿难忘。

【译文】

南朝梁刘孝绰在《谢晋安王饷米等启》中写道：传诏官李孟孙宣读了您的教旨，赏赐我米、酒、瓜、笋、腌菜、肉干、醋、茶八种。这芳香扑鼻的酒啊，是新城、云松的佳酿。江边新长的竹笋，可以与菖蒲、荇菜山珍相媲美。田间地头的瓜果，美味远超精心置办的大餐。肉干虽然不是用白茅草捆束的野鹿肉，却也是包装精美的雪白肉干。腌鱼胜过用陶罐盛装的河鲤，米像美玉一样晶莹剔透。茶与米一样好，醋像橘子一样，令人胃口大开。这么多食物，可以食用很久，我再也不用走很远的路去买干粮了。感谢您的赏赐，大恩大德，没齿不忘！

【注释】

①梁刘孝绰《谢晋安王饷米等启》：刘孝绰，见前注。他本名冉，孝绰是他的字。晋安王名萧纲，

昭明太子卒后，继为皇太子。后登位称简文帝。②菹（zū）：腌菜。③酢（cù）：同"醋"。④苾（bì）：芳香，芬芳。⑤疆埸（yì）：田边地界。大界为疆，小界为埸。⑥纯（tún）：包装，包裹。⑦野麇（jūn）：野生獐鹿。⑧裛（yì）：缠裹，缠绕。⑨鲊（zhǎ）：腌制的咸鱼。

【原文】

陶弘景《杂录》：苦茶轻身换骨，昔丹丘子、黄山君服之。

【译文】

陶弘景在《杂录》中记载：苦茶可使人轻身换骨，昔日的丹丘子、黄山君就经常饮用。

【原文】

《后魏录》：琅琊王肃仕南朝，好茗饮、莼羹。 及还北地，又好羊肉、酪浆。 人或问之："茗何如酪？"肃曰："茗不堪与酪为奴。"①

【译文】

《后魏录》记载：琅琊人王肃，在南朝为官，喜欢饮茶、莼菜汤。 回到北方后，他又喜欢吃羊肉、奶浆。 有人问他："茶比奶浆如何？"王肃说："茶给奶浆做奴隶都不配。"

【注释】

① 王肃事：王肃，本在南朝齐做官，后降北魏。 北魏是北方少数民族鲜卑族拓跋部建立的政权，该民族习性喜食牛羊肉、鲜牛羊奶加工的酪浆。 王肃为讨好新主子，所以当北魏高祖问他时，他贬低说茶还不配给酪浆做奴仆。 这话传出后，北魏朝贵遂称茶为"酪奴"，并且在宴会时说："虽设茗饮，皆耻不复食。"（见《洛阳伽蓝记》第三卷）

《胡人饮酒图》。

南宋，陈居中绘。画中两个异域风格打扮的人正坐在一张毯子上逗鸟取乐，其中一人旁边放有一把弯刀。身后两匹马并立，背景在野外。

【原文】

《桐君录》^①：西阳、武昌、庐江、晋陵^②好茗，皆东人作清茗。茗有饽，饮之宜人。凡可饮之物，皆多取其叶，天门冬、拔葜^③取根，皆益人。又巴东别有真茗茶^④，煎饮令人不眠。俗中多煮檀叶并大皂李作茶，并冷。又南方有瓜芦木，亦似茗，至苦涩，取为屑茶饮，亦可通夜不眠。煮盐人但资此饮，而交、广^⑤最重，客来先设，乃加以香芼^⑥辈。

【译文】

《桐君录》记载：西阳、武昌、庐江、晋陵地区的人喜欢饮茶，主人会煮清茶待客。茶汤里有沫饽，喝了有益身心。凡是可以作为饮品的植物，大多选取它的叶子，天门冬、菝葜取的是根，也有益于人。巴东地区还有一种真正的茗茶，煮后饮用能提神。民间有用檀叶和大皂李制茶的习俗，是一种凉茶。南方有一种瓜芦木也很像茶，非常苦涩，采摘后碾磨成粉末当茶饮，也能提神，使人彻夜难眠。煮盐的人喜欢饮用瓜芦木水，交州、广州两地的人最是喜欢这种茶饮，客人一来就摆上，还会加一些香料。

【注释】

①《桐君录》：全名《桐君采药录》，已佚。②西阳、武昌、庐江、晋陵：均为晋郡名，治所分别在今湖北黄冈、湖北武昌、安徽舒城、江苏常州一带。③拔葜（qiā）：一种药材，又名金刚骨。拔，同菝。④巴东：晋郡名，治所在今四川万县一带。⑤交、广：交州和广州。交州，在今广西合浦、北海市一带。⑥香芼（mào）：调味香料。

【原文】

《坤元录》①：辰州溆浦县西北三百五十里无射山，云蛮俗当吉庆之时，亲族集会歌舞于山上。山多茶树。

【译文】

《坤元录》记载：辰州溆浦县西北方向三百五十里的无射山，据说当地少数民族有一种风俗，他们会在某个吉庆之日，召集亲戚朋友去山上唱歌跳舞。山上有很多茶树。

【注释】

①《坤元录》：古地学书名，已佚。

【原文】

《括地图》①：临遂县②东一百四十里有茶溪。

【译文】

《括地图》记载：临遂县以东一百四十里有茶溪。

【注释】

①《括地图》：即《地括志》，已佚，清人辑存一卷。②临遂县：晋代县名，今湖南衡阳。

【原文】

山谦之《吴兴记》^①：乌程县^②西二十里有温山，出御荈。

【译文】

山谦之在《吴兴记》中记载：乌程县以西二十里，有一座温山，出产贡茶。

【注释】

①《吴兴记》：南朝宋山谦之著，共三卷。
②乌程县：治所在今浙江湖州市。

【原文】

《夷陵图经》^①：黄牛、荆门、女观、望州^②等山，茶茗出焉。

【译文】

《夷陵图经》记载：黄牛、荆门、女观、望州等山，都是出产茶叶的地方。

【注释】

①《夷陵图经》：夷陵，在今湖北宜昌地区，这是陆羽从方志中摘出自己加的书名。（下同）②黄牛、荆门、女观、望州：黄牛山在今宜昌市向北八十里处，荆门山在今宜昌市东南三十里处，女观山在今宜都县西北，望州山在今宜昌市西。

《秋山暮容》。
—
明代，陈洪绶绘。

【原文】

《永嘉图经》：永嘉县①东三百里有白茶山。

【译文】

《永嘉图经》记载：永嘉县以东三百里有一座白茶山。

【注释】

①永嘉县：治所在今浙江温州市。

【原文】

《淮阴图经》：山阳县①南二十里有茶坡。

【译文】

《淮阴图经》记载：山阳县以南二十里有一个生长茶树的山坡。

【注释】

①山阳县：今称淮安县。

【原文】

《茶陵图经》：茶陵①者，所谓陵谷生茶茗焉。

【译文】

《茶陵图经》记载：茶陵，顾名思义，指的是盛产茶叶的山谷丘陵。

【注释】

① 茶陵：即今湖南茶陵县。

《山庄秋稔图》轴。

清代，袁耀绘。描绘的是山庄百姓男耕女织的场景。

【原文】

《本草·木部》^①：茗，苦茶。味甘苦，微寒，无毒。主瘘疮^②，利小便，去痰渴热，令人少睡。秋采之苦，主下气消食。注云："春采之。"

【译文】

《本草·木部》记载：茗，又称苦茶。味甘苦，性微寒，没有毒。主治瘘疮，利尿，祛痰，止咳，清热解毒，可使人减少睡眠。秋天采的茶味道发苦，能通气，助消化。原注说："春天采摘。"

【注释】

①《本草·木部》：《本草》即《唐新修本草》，又称《唐本草》或《唐英本草》，因唐英国公徐世勣任该书总监。下文《本草》同。②瘘疮（lòu chuāng）：瘘管病与疮病。

【原文】

《本草·菜部》：苦菜，一名荼，一名选，一名游冬，生益州川谷山陵道旁，凌冬不死。三月三日采，干。注云^①："疑此即是今茶，一名荼，令人不眠。"《本草注》："按《诗》云：'谁谓荼苦。'^②又云：'堇荼如饴。'^③皆苦菜也。陶谓之苦荼，木类，非菜流。茗，春采谓之苦搽（途遐反）。"

【译文】

《本草·菜部》记载：苦菜，又称荼、选、游冬，生长在益州的河谷、山陵路边，经过冬天也不会冻死。三月三日采摘，制干。陶弘景在《神农本草经集注》中说："应该就是现在的茶，也称为荼，饮后使人无法入睡。"《本草注》说："《诗经》中的'谁谓荼苦''堇荼如饴'，指的都是苦菜。陶弘景所说的苦荼，是木本植物，并不是菜类。茗，春季采摘，称为搽（原注：音途遐反）。"

【注释】

① 此处为《本草》直接引用陶弘景《神农本草经集注》中的文字。② 谁谓荼苦：语出《诗经·邶风·谷风》："谁谓荼苦，其甘如荠。"周秦时，荼作二解，一为茶，一为野菜。这里指野菜。③ 堇荼如饴：语出《诗经·大雅·绵》："周原膴膴，堇荼如饴。"荼指的是野菜。

【原文】

《枕中方》：疗积年瘘，苦茶、蜈蚣并炙，令香熟，等分，捣筛，煮甘草汤洗，以末傅之。

【译文】

《枕中方》记载：治疗积年瘘疮，可将茶叶与蜈蚣一起烘烤，烤到散发出香气时，等分为两份，捣碎过筛，一份加甘草煮水清洗患处，另一份粉末直接敷在疮口上。

诊脉。

选自《医士及各种药摊》。清末外销画。

【原文】

《孺子方》：疗小儿无故惊蹶，以苦茶、葱须煮服之。

【译文】

《孺子方》记载：治疗小儿不明原因的惊厥，可用苦茶加葱须煮水服用。

买药。
选自《医士及各种药摊》。清末外销画。

有必要重提杜育和他的作品《荈赋》。陆羽如此"三番五次"引用《荈赋》：
1.《四之器》："晋舍人杜育《荈赋》云：'酌之以匏。'" 2.《四之器》："碗，越州
上……晋杜育《荈赋》所谓：'器择陶拣，出自东瓯。'瓯，越也。" 3.《五之煮》：
"其水，用山水上，江水中，井水下（《荈赋》所谓'水则岷方之注，挹彼清流'）。
其山水，……使新泉涓涓然，酌之。其江水，取去人远者。井，取汲多者。" 4.《五
之煮》："沫饽，汤之华也。……《荈赋》所谓'焕如积雪，晔若春敷'，有之。"
5.《七之事》："晋：惠帝，刘司空琨，……郭弘农璞，桓扬州温，杜舍人育……"

说明什么？《荈赋》非常重要，陆羽认可杜育。

《荈赋》如何？

　　灵山惟岳，奇产所钟。

　　瞻彼卷阿，实曰夕阳。

　　厥生荈草，弥谷被岗。

　　承丰壤之滋润，受甘露之霄降。

　　月惟初秋，农功少休；

　　结偶同旅，是采是求。

　　水则岷方之注，挹彼清流；

　　器择陶拣，出自东瓯；

　　酌之以匏，取式公刘。

　　惟兹初成，沫沈华浮。

焕如积雪，晔若春敷。

若乃淳染真辰，色绩青霜，白黄若虚。

调神和内，倦解慵除。

原版只存九十七个字，从其他古书引用补充后，是上引一百一十六个字，不一定准确。《荈赋》句法工整、文采斐然，最重要的是它完整地记载茶的产地、生长、采摘、用水、茶器、煮茶、茶沫形状、汤色、味道和功用。

杜育何人？前已有注，也作"杜毓"，疑以字名，魏晋风流。

本篇茶之事，整编记录历代茶事。从三皇炎帝神农氏到当朝英国公徐懋功，记录自古以来与茶相关的人物；从《神农食经》到小儿医书《孺子方》，全面整理有史以来（至陆羽所处的唐代）的茶事资料四十八条，涉及历史人物、文献、史料、医药、诗词、野史、注释、地理等内容。这是中国茶文献的首次集成，对后世研究茶文化具有非常重要的价值。

其来有自，上下千年，纵横全国，是这一批史料的编辑特点。有些点到为止的记录，背后都是一个又一个鲜活生动的故事。

三皇五帝到如今，千秋大业一壶茶。"茶之为饮，发乎神农氏"。相传在距今五千多年前的三皇五帝时期，在今天的四川东部和湖北西北部山区里，"三苗""九黎"部落的首领神农氏的炎帝，率领部落不断壮大，很快成为长江流域最庞大的群体。随着部落人口的骤增，用于果腹的野兽和野果出现了短缺，人的生命面临巨大威胁，所有的成员都把目光投向了他们信任的首领。在某一天的早晨，神农氏独自走出部落，去寻找可以维系人们生命的东西。他首先发现了可以种植的谷物，于是教人们播种五谷，使大家过上了衣食无忧的生活。人们又开始被病痛折磨，神农氏又去寻找能为大家解除病痛的药物。在无数个日子里，他翻过了一座又一座高山，蹚过一条又一条大河，尝遍了山中及河岸的每一株野草，找到了不少能够医治病痛的植物。一天，神农氏在山上吞下几种新的植物，有些累了，便在一棵大树下支起陶罐煮水，水快要烧开时，一些叶子从树上掉下来，飘进了陶罐之中。喝过这些绿叶煮出的微带苦涩的浓汤，神农氏感到无比舒爽，一种从未有过的美妙感受荡漾全身。他站起身，又摘了几片叶子品尝，叶子进入肠胃后滚来滚去，像是在清洁一般，人的精神立刻清爽了许多。神农氏小心地把这种叶子收集起来，给它们起名为"茶"，这就是后来的茶。某次，神农氏尝到了一株毒性很大的小草，脸色变得乌青，这时他想起了那种叫"茶"的叶子，含服了几片，毒竟慢慢解掉了。于是神农氏知道了"茶"可以解毒。

这是关于茶的最早的传说，记载在《神农本草经》里："神农尝百草，日遇七十二毒，得茶而解之。"南北朝刘琨所著的《购茶》也有安州（今湖北安陆）产茶的记载，《桐君录》和《荆州土地记》中也分别记有酉阳（今湖北黄冈东）、巴东（今重庆奉节）和武陵（今湖南常德）产茶的叙述，说明茶叶的原产地的确在炎帝部落周围。抛开传说中的神话成分，从常理上分析，尝百草的神农氏（或炎帝同时代人）在品尝百草时发现同为植物的茶叶也是较为合理的解释。当然，传说和推断都不能作为确定茶叶发现者的依据。专家考证后也认为，野生茶树的发源地就在中国西南地区，茶业的兴起正是从四川、湖北一带开始的。所以，至少可以做出这样的判断：茶叶即便不是神农氏本人的发现，也应是来自炎帝部落的其他人或后人的发现，它最初只是被当作药用，是一种高大的野生茶树的叶子。至于发现茶叶的时间，肯定在距今三千多年以前。

西周初年，传说中的神农氏发现野生茶树一千六百多年后，人工种植的茶园终于在炎帝部落曾经生活过的巴蜀之地发展成熟。成为周朝诸侯国的巴国和蜀国还将茶园中的精品当作贡品，年年进贡周天子。《华阳国志·巴志》把这种贡茶称为"香茗"，是迄今为止最早的关于茶叶种植的记载。

顾炎武曾言："自秦人取蜀而后，始有茗饮之事。"他认为饮茶是秦统一巴蜀之后才开始传播开来，肯定了中国和世界的茶叶文化，最初是在巴蜀发展起来的。这一说法，现已被绝大多数学者认同。巴国和蜀国虽然同为周王室的属国，却一直未能和睦相处，相互之间的争斗时有发生。周显王十二年（前357），蜀王在今四川剑阁东北划出一块地盘，交给他的一个叫葭萌的弟弟，封其为"苴侯"，并将他所在的城邑称作"葭萌"。"葭萌"是蜀人对茶的称谓，因此，"苴侯"所在的城邑就是茶邑。以"业"作为分封领地的名字现在看来有点儿奇怪，但在古蜀时期却非常普遍。比如蜀地的开国国君蚕丛王就是驯育野蚕为家蚕的君主，另一位叫鱼凫王的蜀王则是驯养鱼鹰帮助捕鱼的创始人。因此，这位以茶为名、以茶名邑的葭萌自然也是一位"茶农"。身为一个爱茶的新王，苴侯不热心战争，到葭萌后不久便与蜀国宿敌巴国结为友好之国，以自己的方法治理国家。这种做法使他的哥哥愤怒，劝说不成，便发兵向葭萌问罪。葭萌抵挡不住兄长的进攻，只好逃往巴国。盛怒之下的蜀王率军攻打巴国，并很快取得了优势。无奈之余，巴王向强大的秦国求援，早就垂涎巴蜀之地的秦国马上暂停伐楚计划，派出张仪和司马错率兵入蜀，一举攻下蜀国，接着又灭掉苴国和巴国，将巴蜀之地纳入秦国的版图，巴蜀的吃茶之风和种茶技术也得以传入秦国。

随着秦王朝吞并战国诸雄，建立起强大的秦帝国，在巴蜀这块封闭的领地内盛行了多年的植茶之风终于有了走向全国的机会。

西汉时，南方的官宦名士把茶当作饮中佳品，品茗成为风尚，集市上开始出现专

茶图。
——
佚名绘。

门卖茶的铺子。据传中国关于商业卖茶的最早记载见于一份叫《僮约》的雇工合同，合同的起草者是蜀地资中（今四川资阳）人王褒。王褒字子渊，是西汉宣帝年间的名士，擅长作赋，有《中和》《乐职》《圣主得贤臣赋》《洞箫赋》等传世之作。汉宣帝神爵三年（前59）正月写成的《僮约》列举了家童应做的种种杂役，其中写到"烹茶尽具""武都（今四川彭县）买茶"。王褒在《僮约》里写到买茶纯属无意之举，但就是这信手拈来之句，记录了茶业发展史上的重要一笔。从此得知，西汉中期的成都不仅饮茶成风，而且有了固定的专门销售茶叶的茶市。这比美国茶学权威威廉·乌克斯在《茶叶全书》中提出的"五世纪时茶叶渐为商品""六世纪末茶叶由药用转为饮品"的说法早了五百多年。

一纸《僮约》道出了西汉茶风的兴盛，标志着中国茶叶商业活动的开始，中国有了经营茶叶的商人。伴随着茶叶种植和饮茶习俗的迅速传播，茶叶商人的数量逐渐增多，分工日趋精细。晋文帝时，出现了专门经营茶水的摊贩，与此有关的记载出自《广陵耆老传》："晋元帝时有老姥，每旦独提一器茗，往市鬻之。市人竞买，自旦至夕，其器不减。所得钱散路旁孤贫乞人，人或异之。州法曹縶之狱中。至夜，老姥执所鬻茗器，从狱牖中飞出。"由此可以看出，这位老姥所卖的已不是采摘的叶子，而是经过烹煮之后的茶水。这是中国最早的茶摊，也是后来遍布集市的茶馆的前身。唐代，饮茶之风风行城市乡野，大规模的茶馆相继涌现。《封氏闻见记》："自邹、齐、沧、隶，渐至京邑，城市多开店铺，煮茶卖之，不问道俗，投钱取饮。"

东晋初年，任过中书郎、左长史等职的王濛嗜茶成癖，认为茶是天下最美的饮品，经常请人喝茶，必须喝尽兴。大臣中有不少是从北方南迁的士族，不懂茶的滋味，难以忍受茶的苦涩，可碍于情面又不得不喝，到王濛家喝茶一时成了痛苦的代名词。有一天，又有一个北方官员要到王濛家中办事，临出门时与朋友谈及王濛待客的风格，不由得感叹道："今天又有水厄了。"由此而生的"水厄"一词从字面上理解是因水而生的厄运，成为茶的贬称流传下来。

此后，王濛与水厄的故事经常被人提及，北魏宗室彭城王元勰就曾以此嘲讽羡慕饮茶习俗的大臣刘缟，梁武帝萧衍之子、西丰侯萧正德更是因不知水厄为何物而遭人耻笑。以水厄代称的茶水成了北方贵族嘲笑南方人士的话柄，这种现象直到南朝宋武帝时才得以改变。《宋录》上说，有一次新安王刘子鸾与豫章王刘子尚一同拜访八公山上的昙济道长，昙济以山上的茗茶待客，两位王子饮后赞不绝口，连连说道："这哪里是茶呀，明明是甘露！"看来两位王子是品尝过"水厄"的，不然也不会说出"此"茶与"彼"茶的不同之处。一样的"水厄"品出了异样的滋味，除了口味上的偏好，茶的品质的变化恐怕才是最大的因素。

昙济的茗茶可以加上一个"香"字了，被刘氏兄弟称赞过的口感更好的香茗的出现，终于让视茶为"水厄"的北方人"浅尝"了。

所谓"茶禅一味"，茶与禅不分家，"安禅制毒龙"，不生妄念，茶是中介，是润滑剂，是飞越禅境的彩虹。自古以来，茶道与禅道密不可分。茶可醒智提神，帮助消食，抑制性欲，适合禅者静坐、敛心，很早以前就被佛门弟子视为修行时的最佳饮品。记载的最早饮茶的僧人出现在东晋《晋书·艺术传》："敦煌人单道开，不畏寒暑，常服小石子，所服药有松、桂、蜜之气，所饮茶苏而已。"单道开曾在昭德寺坐禅修行，他所饮用的掺有多种果品的叫"茶苏"的饮料正是当时最正宗的茶汤。自单道开始，僧人与茶便结下了不解之缘。唐代，由陆羽的朋友、著名僧人皎然最先提出的品茶与悟道相结合的茶道一说逐渐被人接受，诸多以茶喻道的禅宗公案开始流行于世。其中，以唐代居士庞蕴与马祖道一禅师的论道典故最为著名。普济编纂的《五灯会元》卷三记载，庞蕴为悟得禅旨，专程向当时最有名的高僧道一禅师请教。在道一的禅室，庞蕴先谈起他之前向另一位叫石头的禅师问禅的经历，说他以"不与万事万物为伴侣的是什么人"向石头讨教，石头禅师听到问话后不做回答，竟然伸手遮掩他的嘴巴。庞蕴说："我有些不解，想跟道一禅师请教，不知石头禅师的意思究竟是什么。"道一听了面无表情，端起茶盏轻轻一啜，同样不予回答。庞蕴停了一停，又问："那么，不与万事万物为伴侣的是什么人？"道一端起茶盏，轻轻品饮一口，缓缓说道："等你一口吸尽西江水，就对你说。"庞蕴沉思片刻，笑了，说道："原来如此，我终于明白了。"在道一的意念中，一碗茶水就如西江之水，包孕着天地乾坤，如果能一口喝尽一碗茶，世间万物尽在胸中，当然也就领悟了禅旨。将西江水这个包孕人间一切相对之物一口吞掉，超越困扰人世的利害、得失、大小、是非等相对世界，不再为任何一件世俗的小事喜忧或烦恼，才能悟到绝对世界，也就是禅宗所说的

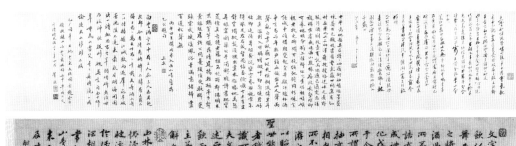

《文饮图》卷。
——
明代，姚绶绘。

驾驭在一切相对事物之上的"无"的境界。只有领悟了"无"的境界，认识到世界"本来无一物"，才能进一步认识"无一物中无尽藏，有花有月有楼台"的禅宗真境。庞蕴顿悟的禅旨，正在于此。由这件公案可以看出，从茶中体味禅机，借茶悟道的参禅方法，在唐代已被参禅者广泛接受。茶是一种客观物质，但通过品茶者的体验，这些看得见、闻得到、品得出的茶汤，就可以变为看不见、摸不着的"内心清静"的

赵州禅师。

选自《古佛画谱》。赵州禅师，法号从谂，禅宗六祖惠能大师之后的第四代传人。在赵州受信众敦请驻锡观音院，弘法传禅达四十年，僧俗共仰，为丛林模范，人称"赵州古佛"。

感受，这一切正是参禅者所追求的从"有"到"无"的最高境界。

茶风兴盛的唐代，以茶悟道的僧人远不止道一，另一位颇受后人推崇的高僧从谂也是这样一位以茶喻道的大师。从谂俗姓郝，世称赵州和尚，为唐代曹州郝乡（今山东曹县一带）人。他幼年出家，曾南下参谒南泉普愿禅师，学到南宗禅学的精髓，并凭借自己的悟性使之得以发展。从谂得法之后的大部分时间都住在河北赵州观音院，因而被后人称为"赵州古佛"。身为中国禅宗史上有名的禅师，赵州和尚的言行超常怪僻，为常人所不解。他声称的"佛是烦恼，烦恼是佛"的禅语在当时风行一时，成为参禅者经常谈论的法言。《五灯会元》记载，赵州和尚与朋友游园，看到一只兔子受惊逃走，朋友借机问道："和尚是大善知识，兔见为什么走？"回答："老僧好杀。"又有一次，一位参禅者问他："承闻和尚亲见南泉，是否？"答曰："镇州出大萝卜头。"来者不解其意，进一步问："万法归一，一归何所？"他听了不假思索，以"老僧在青州作得一领布衫重七斤"作了回答，让人听了更加不知所云。除以上法语之外，赵州和尚与一位尼姑的一番对话更令人惊奇，曾有尼姑问他："如何是密密意？"他竟用手掐了尼姑一下，尼姑说："和尚犹有这个在！"他却说："却是你有这个在。"以离谱的言行阐述禅道，是马祖禅师之后很多参禅悟道者追求的修行之道。他们认为，禅宗应以机锋触人，机锋讲究以口应心，随问随答，不加修饰，自然天成。在历史上流传甚广的"吃茶去"，就是以这种理解为根本衍生出的一则公案。"吃茶去"的典故也出自

《五灯会元》。一天，赵州观音寺内来了两位僧人，赵州和尚问其中一僧道："你以前来过吗？"僧答："没有。"赵州和尚吩咐："吃茶去。"接着又问另一僧："你以前来过吗？"僧答："来过。"赵州和尚又说："吃茶去。"院主不解地问："师长，为什么到过也说吃茶去，不曾到过也说吃茶去？"赵州和尚没有直接回答，只是高喊一声："院主。"院主应诺："在！"赵州和尚接着说："吃茶去！"

无论是对新入院的僧客，还是已经来过院内的僧客，赵州和尚都一律请他们吃茶，这"吃茶去"三字看来真是迷雾重重，难以理解。实际上，对此大可不必过于在意。在禅者看来，以不变应万变，随心所做的回答，才是正确的，而针对问题做出符合逻辑的直接回应反而是"参死句""执着"，不符合禅宗真谛。

在这里，赵州和尚对曾经到过的僧人和未曾到过的僧人，对已了悟的人和未了悟的人，同样请他们"吃茶去"。此时的"吃茶去"已非单纯日常意义上的生活行为，而是借此参禅与了悟的精神意会形式，是用一种非理性、非逻辑的手段使人顿悟的钥匙，理解了其中的真意，也就达到了心灵自由、物我两忘的理想境界。

"吃茶去"既能使禅者顿悟，当然也就有足够的理由让茶者自傲。号称"青莲居士"的唐代诗人李白以爱酒著称，同时也是一位爱茶的名士。身为与"茶圣"陆羽同时代的诗人，关于李白的茶事流传很广，值得一提的是他与仙人掌茶的一段典故。仙人掌茶产自玉泉山，据说在很久以前的一场战乱中，

马祖道一禅师。

——

选自《古佛画谱》。马祖道一禅师门下极盛，有"八十八位善知识"之称，法嗣一百三十九人，以百丈怀海、西堂智藏、南泉普愿最为闻名，号称"洪州门下三大士"。其中，百丈怀海门下开衍出临济宗、沩仰宗二宗。马祖道一经常以茶传法助人禅悟，后世多有传颂。

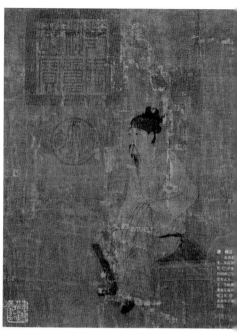

《萧翼赚兰亭图》。

———

唐代，阎立本绘。初唐寺院煮茶待客场景，是现存最早的描绘唐代煮茶情景的画作。

玉泉山上的寺庙遭劫，寺中僧人半死半伤，苦不堪言。一位仙人路过此处，挥手洒下仙水，滋润战火劫掠过的土地，地上瞬间长出一株株青翠的茶树，死去的僧人们也奇迹般地得以生还。仙人走后，受伤的僧众纷纷摘下茶树上的叶子服用，伤势很快见好，不久便痊愈了。此后僧人们知道了茶的神秘功效，于是小心呵护栽种，培育出无数茶树。这些茶树由仙人的手掌呼唤而来，而且形似手掌，人们就把这种茶叫作仙人掌茶。

天宝三载（744），某月某日，金陵，晴，李白来到栖霞寺，遇见从荆州前来的

僧人像。

佚名绘。

宗侄僧人中孚，异地逢故人，此何等快事，怎能不饮酒赋诗，一醉方休？不过宗侄中孚既已为僧，就当遵守佛门戒律，于是取出随身所带的著名佛茶"仙人掌"，与叔父对坐于禅房，以茶代酒，畅叙亲情。正值黄昏，寺院周围绿阴浓密，西山之上薄暮冥冥，钟声缥缈，更觉意境深远。随着茶水的煮沸，一缕缕奇特的茶香萦绕于院中久久不去，沁人心脾，令人陶醉。在优美的意境中，李白与中孚举茶论禅，指点江山，好不痛快，不知不觉渐入佳境。爱茶的李白与宗侄中孚相坐对饮，不由得诗兴大发，挥笔写下《答族侄僧中孚赠玉泉仙人掌茶并序》一诗：

《藏云图》。

明代，崔子忠绘，北京故宫博物院藏。诗人李白在画中盘腿端坐四轮车上行于山路，凝视头顶之云气，神态安闲。李白与杜甫合称"李杜"（"小李杜"则是李商隐、杜牧），有"诗仙""诗侠""酒仙""谪仙人"等称号。

尝闻玉泉山，山洞多乳窟。

仙鼠如白鸦，倒悬清溪月。

茗生此中石，玉泉流不歇。

根柯洒芳津，采服润肌骨。

丛老卷绿叶，枝叶相接连。

曝成仙人掌，以拍洪崖肩。

举世未见之，其名定谁传。

宗英乃禅伯，投赠有佳篇。

清镜浊无盐，顾惭西子妍。

朝坐有余兴，长吟播诸天。

沉思的佛佗。

李白以"诗君子"身份获得中孚相赠的"茶君子"，君子之交汇于茶盏之中，淡淡的茶香透出一股神秘的味道。

这些故事，《茶经》里只带一笔或未涉及，话头却因此书而起，也因此书而流传至今……如此说来，《茶经》不是经典，还能是什么呢？它不经典，什么才是经典？

经典又如何？如果不是商业驱动，我所担心的是当今中国人，是否还有欣赏它的心境和教养。

《吴志·韦曜传》记载：孙皓每次摆酒设宴，座中的客人都要至少喝酒七升，即使无法全部喝光，也要把酒器中的酒全部倒完。韦曜酒量不足二升，孙皓当初很照顾他，暗地里给韦曜倒茶以代酒。

接着讲，"以茶代酒"的故事，就变得意味深长了。

韦曜是孙皓的父亲南阳王孙和的老师，所以孙皓对韦曜格外照顾，让他"以茶代酒"，不至于因喝不下酒而难堪。可惜，耿直磊落的韦曜的劝谏太直白："皓每于会，因酒酣，辄令侍臣嘲虐公卿，以为笑乐。"长期如此，"外相毁伤，内长尤恨"，孙皓大怒，不顾韦曜，投牢杀之。

　　时移世易，转瞬千年。茶的故事还没讲完，那就算了吧，不如吃茶去！

卷下

八之出

【原文】

山南①：以峡州②上（峡州生远安、宜都、夷陵三县山谷），襄州、荆州④次（襄州生南漳县⑤山谷，荆州生江陵县山谷），衡州⑥下（生衡山⑦、茶陵二县山谷），金州、梁州⑧又下（金州生西城、安康⑨二县山谷。梁州生褒城、金牛⑩二县山谷）。

【译文】

山南道产区：以峡州产的茶为上品（原注：峡州茶生长于远安、宜都、夷陵三县的山谷中），襄州、荆州产的茶品质次之（原注：襄州茶生长于南漳县的山谷中，荆州茶生长于江陵县的山谷中），衡州产的茶品质差一些（原注：生长于衡山、茶陵二县的山谷中），金州、梁州产的茶品质更差（原注：金州茶生长于西城、安康二县的山谷中，梁州茶生长于褒城、金牛二县的山谷中）。

【注释】

①山南：唐贞观十道之一。贞观元年（627），划全国为十道，道辖郡州，郡辖县。山南道因辖终南山、太华山之南（今属秦岭、华山以南的陕西、甘肃、四川、重庆等地部分地区）而名。地名涉及沿革变化，考证实无必要，因而略去。下同。②峡州：又称夷陵郡，治所在今湖北宜昌。③远安、宜都、夷陵：今湖北宜昌远安、宜都、夷陵。④襄州、荆州：今湖北襄阳、江陵。⑤南漳县：

今湖北南漳县，因境内漳水得名。以下遇古今同名不再加注。⑥衡州：今湖南衡阳，因境内衡山得名。⑦衡山县：治所在今湖南衡阳衡山县东。⑧金州、梁州：今陕西西康、汉中一带。⑨西城、安康：今陕西安康。西城，今平利县；安康，今汉阴县。⑩褒城、金牛：今陕西汉中地区。

【原文】

淮南^①：以光州^②上（生光山县黄头港者，与峡州同），义阳郡^③、舒州^④次（生义阳县钟山^⑤者，与襄州同；舒州生太湖县潜山^⑥者，与荆州同），寿州^⑦下（盛唐县生霍山^⑧者，与衡山同也），蕲州^⑨、黄州^⑩又下（蕲州生黄梅县山谷，黄州生麻城县山谷，并与金州、梁州同也）。

【译文】

淮南道产区：以光州产的茶为上品（原注：生长于光山县黄头港的茶，品质与峡州茶相同），义阳郡、舒州产的茶品质次之（原注：生长于义阳县钟山的茶，品质与襄州产的茶相同。舒州产的茶生长于太湖县潜山，品质与荆州产的茶相同），寿州产的茶品质差一些（原注：生长于盛唐县霍山的茶，品质与衡州产的茶相同），蕲州、黄州产的茶品质更差（原注：蕲州产的茶生长于黄梅县的山谷中，黄州产的茶生长于麻城县的山谷中，品质与金州产的茶、梁州产的茶相同）。

【注释】

①淮南：即淮南道，唐贞观十道、开元十五道之一，治所在今江苏扬州。②光州：今河南潢川、光山县一带。③义阳郡：光州属县，今河南信阳浮光山一带。④舒州：又名同安郡，今安徽太湖安庆

潜山一带。⑤ 义阳县钟山：今河南信阳东南钟山一带。⑥ 太湖县潜山：今安徽潜山西北天柱山一带。⑦ 寿州：又名寿春郡，今安徽寿县一带。⑧ 盛唐县霍山：盛唐县，今安徽六安霍山一带。⑨ 蕲（qí）州：又名蕲春郡，今湖北蕲春一带。⑩ 黄州：今湖北黄冈一带。

【原文】

浙西①：以湖州②上（湖州生长城县③顾渚山④谷，与峡州、光州同；生山桑、儒师二坞、白茅山、悬脚岭⑤，与襄州、荆州、义阳郡同；生凤亭山伏翼阁飞云、曲水二寺⑥、啄木岭⑦，与寿州、常州同。生安吉、武康二县山谷，与金州、梁州同），常州⑧次（常州义兴县⑨生君山⑩悬脚岭北峰下，与荆州、义阳郡同；生圈岭善权寺⑪、石亭山，与舒州同），宣州、杭州、睦州、歙州⑫下（宣州生宣城县雅山⑬，与蕲州同；太平县生上睦、临睦⑭，与黄州同；杭州临安、於潜⑮二县生天目山⑯，与舒州同。钱塘生天竺、灵隐二寺⑰，睦州生桐庐县山谷，歙州生婺源山谷，与衡州同），润州⑱、苏州⑲又下（润州江宁县生傲山⑳，苏州长洲县生洞庭山㉑，与金州、蕲州、梁州同）。

【译文】

浙西道产区：以湖州产的茶为上品（原注：湖州产的茶生长于长城县的顾渚山谷中，品质与峡州、光州产的茶相同；如果生长于山桑、儒师二坞、白茅山、悬脚岭，则品质与襄州、荆州、义阳郡产的茶相同；如果生长于凤亭山、伏翼阁、飞云寺、曲水寺、啄木岭，品质则与寿州产的茶相同。如果生长于安吉、武康二县的山谷中，则品质与金州、梁州产的茶相同），常州产的茶品质次之（原注：常州义兴县生长于君山悬脚岭北峰下的茶，品质与荆州、义阳郡产的茶相同；生长于圈岭善权寺、石亭山的茶，品质与舒州产的茶相同），宣州、杭州、睦州、歙州产的茶品质差一些（原注：宣州产的茶，如果生长于宣城县雅山的茶，品质与蕲州产的茶相同；生长于太平县上睦、临睦的茶，品质与黄州产的茶相同；杭州临安、於潜二县生长于天目山的茶，品质与舒州产的茶相同。生长于钱塘县天竺寺、灵隐寺，睦州桐庐县山谷中，歙州婺源县山谷中的茶；品质与衡州产的茶相同），润州、苏州产的茶品质更差（原注：生长于润州江宁县傲山，苏州长洲县洞庭山的茶，品质与金州、蕲州、梁州产的茶相同）。

【注释】

① 浙西：即浙江西道，唐方镇名。今江苏南京、苏州、杭州及浙江、安徽、江西四省区一部分。② 湖州：又名吴兴郡，今浙江吴兴一带。③ 长城县：今浙江长兴。④ 顾渚山：位于今浙江长兴县西北顾渚村。唐代贞元年间开始，顾渚紫笋被列为贡茶，迄今仍为全国名茶。⑤ 白茅山悬脚岭：位于今浙江长兴县西北顾渚山对面，以其岭脚下垂得名。⑥ 凤亭山伏翼阁飞云、曲水二寺：今浙江长兴县西北凤亭山，伏翼阁，飞云寺，曲水寺，都是山里的寺院。⑦ 啄木岭：位于今浙江长兴县西北，因山多啄木鸟得名。⑧ 常州：又名晋陵郡，今江苏常州一带。⑨ 义兴县：又名阳羡县，今江苏宜兴。⑩ 君山：又名荆南山，今江苏宜兴西南铜官山。⑪ 善权寺：位于今江苏宜兴南，因上古尧时隐士善权得名。⑫ 宣州、杭州、睦州、歙（shè）州：宣州，又名宣城郡，今安徽宣城、当涂一带。杭州，又名余杭郡，今浙江杭州、余杭一带。睦州，又名新定郡，今浙江建德、桐庐、淳安千岛湖

一带。 歙州，又名新安郡，今安徽歙县、祁门一带。⑬ 雅山：又名鸦山、鸭山、丫山，位于今安徽宁国县。⑭ 目睦、临睦：今安徽黄山太平县二乡镇。⑮ 於潜县：西汉置，今浙江临安西於潜镇。⑯ 天目山：又名浮玉山，今横亘于浙江西、皖东南边境的天目山。⑰ 钱塘生天竺、灵隐二寺：今浙江杭州市西灵隐山下的灵隐寺；灵隐飞来峰的天竺寺，分上、中、下三寺。⑱ 润州：又名丹阳郡，今江苏镇江、丹阳一带。⑲ 苏州：又名吴郡，今江苏苏州、吴县一带，因姑苏山得名。⑳ 江宁县傲山：今江苏南京市及江宁县郊野的傲山。㉑ 长州县洞庭山：今江苏苏州吴中区太湖中东洞庭山和西洞庭山的合称，东山也称胥母山，西山也称包山。

【原文】

剑南^①：以彭州^②上（生九陇县马鞍山、至德寺、堋口^③，与襄州同），绵州、蜀州^④次（绵州龙安县生松岭关^⑤，与荆州同；其西昌、昌明、神泉县西山^⑥者并佳；有过松岭者，不堪采。蜀州青城县生丈人山^⑦，与绵州同。青城县有散茶、末茶），邛州^⑧次，雅州、泸州^⑨下（雅州百丈山、名山^⑩，泸州泸川^⑪者，与金州同也），眉州^⑫、汉州^⑬又下，（眉州丹棱县生铁山者，汉州绵竹县生竹山^⑭者，与润州同）。

【译文】

剑南道产区：以彭州产的茶为上品（原注：生长于九陇县马鞍山至德寺、堋口的茶，品质与襄州产的茶相同），绵州、蜀州产的茶品质次之（原注：生长于绵州龙安县松岭关的茶，品质与荆州产的茶相同；生长于西昌、昌明、神泉县西山的茶，品质都很好；松岭以西的茶，就没有采摘的价值了。生长于蜀川青城县丈人峰的茶，品质与绵州产的茶相同。青城县产有未压制成砖或饼的散茶和经过加工制作的末茶），邛州产的茶品质次之，雅州、泸州产的茶品质差一些（原注：生长于雅州百丈山、名山，泸州泸川的茶，品质与金州产的茶相同），眉州、汉州产的茶品质更差（原注：生长于眉州丹棱县铁山、汉州绵竹县竹山的茶，品质与润州产的茶相同）。

203

【注释】

① 剑南：即剑南道，唐贞观十道之一。辖今甘肃文县、四川大部、贵州北端、云南东部一带。② 彭州：又名濛阳郡，今四川成都彭州一带。③ 九陇县、马鞍山、至德寺、栅口：九陇县，今四川彭州。马鞍山、至德寺、栅口，皆位于今四川彭州鼓城西。④ 绵州、蜀州：绵州，又名巴西郡，今四川绵阳、安县一带。蜀州，又名唐安郡，今四川西部崇庆、灌县一带。⑤ 龙安县、松岭关：龙安县，今四川安县。松岭关在今龙安县西。⑥ 西昌、昌明、神泉县西山：西昌，今四川安县东南。昌明，今四川江油县一带。神泉县西山，今四川安县南部，属岷山山脉。⑦ 青城县、丈人山：今四川都江堰东南，因青城山得名，丈人山为青城山三十六峰之主峰。⑧ 邛（qióng）州：又名临邛郡，今四川邛崃。⑨ 雅州、泸州：又名卢山郡，今四川雅安。泸州，又名泸川郡，今四川泸州。⑩ 百丈山、名山：今四川名山县的两座山，百丈山位于县城东北，名山位于县城西。⑪ 泸州县：今四川泸州。⑫ 眉州：又名通义郡，今四川眉山、洪雅一带。⑬ 汉州：又名德阳郡，今四川广汉、德阳一带。⑭ 铁山、竹山：铁山，又名铁桶山，在四川丹陵县境内。竹山，即绵竹山，在四川绵竹县境内。

【原文】

浙东^①：以越州^②上（余姚县生瀑布泉岭曰仙茗，大者殊异，小者与襄州同），明州^③、婺州^④次（明州鄮县^⑤生榆荚村，婺州东阳县东白山^⑥，与荆州同），台州^⑦下（台州始丰县^⑧生赤城^⑨者，与歙州同）。

【译文】

浙东道产区：以越州产的茶为上品（原注：生长于余姚县瀑布泉岭的茶被称为仙茗，叶片大的品质较好，叶片小的品质与襄州产的茶相同），明州、婺州产的茶品质次之（原注：生长于明州鄮县榆荚村，婺州东阳县东白山的茶，品质与荆州产的茶相同），台州产的茶品质差一些（原注：生长于台州始丰县赤城的茶，品质与歙州产的茶相同）。

【注释】

①浙东：唐代方镇名，即浙江东道，节度使驻地浙江绍兴。今浙江衢江、浦阳流域以东地区。②越州：又名会稽郡，今浙江绍兴一带。③明州：又名余姚郡，今浙江宁波一带。④婺州：又名东阳郡，今浙江金华一带。⑤鄮（mào）县：宁波的古称，唐属明州，今浙江宁波东南东钱湖畔一带。⑥东白山：又名太白山，位于今浙江东阳巍山镇北。⑦台州：又名临海郡，今浙江临海、天台一带。⑧始丰县：今浙江天台。⑨赤城：浙江台州（今临海）的别称，因境内赤城山得名。

【原文】

黔中^①：生思州、播州、费州、夷州^②。

【译文】

黔中道产区：茶产于思州、播州、费州、夷州。

【注释】

① 黔中：即黔中道，唐开元十五道之一。辖今湖北、湖南、贵州、重庆、广西部分地区。② 思州、播州、费州、夷州：思州，又名宁夷郡，今贵州沿河一带。播州，又名播川郡，今贵州遵义一带。费州，又名涪川郡，今贵州思南、德江一带。夷州，又名义泉郡，今贵州凤冈、绥阳一带。

【原文】

江南^①：生鄂州、袁州、吉州^②。

【译文】

江南道产区：茶产于鄂州、袁州、吉州。

【注释】

①江南：即江南道，唐贞观十道之一，因位于长江之南得名。此处指江南西道，辖今江西南昌、湖南、安徽、湖北、广东部分地区。②鄂州、袁州、吉州：鄂州，今湖北武昌、黄石一带。袁州，又名宜春郡，今江西宜春一带。吉州，今江西吉安一带。

【原文】

岭南①：生福州、建州、韶州、象州②（福州生闽县方山③之阴也）。

【译文】

岭南道产区：茶产于福州、建州、韶州、象州（原注：福州的茶主要生长于闽县方山北坡）。

【注释】

①岭南：即岭南道，唐贞观十道、开元十五道之一，因在五岭之南得名。辖今广东广州、广西大部、云南南盘江以南部分地区。②福州、建州、韶州、象州：福州，又名长乐郡，今福建福州、莆田一带。建州，又名建安郡，今福建建阳一带。韶州，又名始兴郡，今广东韶关、仁化一带。象州，又名象山郡，今广西象州东北一带。③方山：今福建福州闽江南岸的五虎山，因山形方正得名。

【原文】

其恩、播、费、夷、鄂、袁、吉、福、建、韶、象十一州未详，往往得之，其味极佳。

【译文】

关于恩州、播州、费州、夷州、鄂州、袁州、吉州、福州、建州、韶州、象州这十一州的茶，具体情况不得而知，有时能够得到一些茶叶，味道鲜美，品质很好。

《宣和北苑贡茶录》。

熊蕃绘。宋代茶，东南地区的品质已胜于西南，其中最好的茶产地是福建北苑，是贡茶中的翘楚。梅尧臣赞其："陆羽旧茶经，一意重蒙顶。比来唯建溪，团片敌汤饼。"

北苑御茶（北苑贡茶），主产区在古代建安县吉苑里，即今建瓯市东峰镇境内。书中所述皆建安茶园采焙入贡法式。宋代，茶叶是对外贸易的一种商品。蔡京为相时，大改茶盐之法。崇宁四年（1105），撤销各产茶区的收购机关（山场），商人在京师或地方领取长短引（运销茶叶凭证。长引限一年，可行销外路；短引限一季，只能行销本路，且行销的茶叶数量少）。后直接向园户买茶，再到相关机构缴纳茶息和批引。图册描绘了北苑贡茶的沿革、茶芽的品征、贡茶的种类与年代等，为后人研究北苑茶提供了较为详尽的资料。

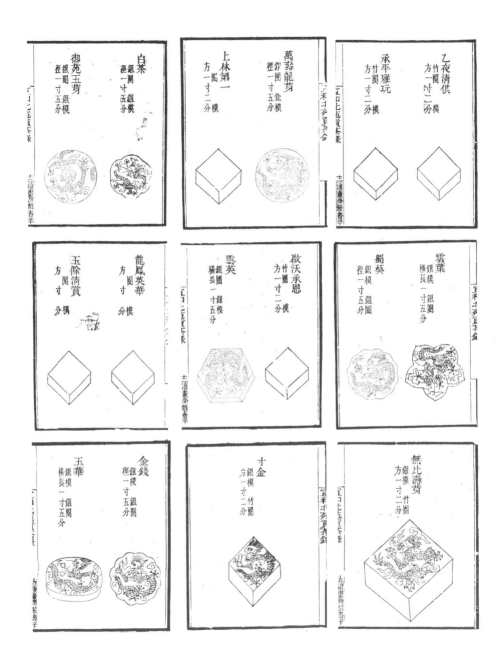

乙夜清供
竹圈
方一寸二分
模

承平雅玩
竹圈
方一寸二分
模

上林第一
方一圈
寸二分
模

萬壽龍芽
銀圈
徑一寸五分
銀模

御苑玉芽
銀圈
徑一寸五分
銀模

白茶
銀圈 銀模
徑一寸五分

雲葉
銀模
橫長一寸五分
銀圈

蜀葵
銀圈
徑一寸五分
銀模

敷沃承恩
竹圈
方一寸二分
模

雲英
銀圈
橫長一寸五分
銀模

龍鳳英華
方一圈
寸分模

玉除清賞
方圈寸
分模

無比壽芽
銀模 竹圈
方一寸二分

寸金
銀模 竹圈
方一寸二分

金錢
銀模
徑一寸五分 銀圈

玉華
銀模
橫長一寸五分 銀圈

211

本篇"之出"即茶的出产地，在实地调查研究的基础上，陆羽记载了唐代全国名茶产地和各产区茶叶品质。凡山南、淮南、浙西、剑南、浙东、黔中、江南、岭南八道，涉及四十三个州郡、四十四个县，遍布今日湖北、湖南、陕西、河南、安徽、浙江、江苏、四川、重庆、贵州、江西、福建、广东、广西等十四个省份，除了当时尚属域外（南诏）的云南之外，与如今的茶产区大体相同。

实地考察，艰辛自不待言。陆羽存诗一首《句》，可窥大致——

辟疆旧林间，怪石纷相向。

绝涧方险寻，乱岩亦危造。

泻从千仞石，寄逐九江船。

皎然的酬唱之诗《寻陆鸿渐不遇》，"归时每日斜"，大抵说的不是约会女道士李冶（相传其名诗《八至》："至近至远东西，至深至浅清溪。至高至明日月，至亲至疏夫妻。"与薛涛、鱼玄机、刘采春并称"唐代四大女诗人"，有《湖上卧病喜陆鸿渐至》："昔去繁霜月，今来苦雾时。相逢仍卧病，欲语泪先垂。强劝陶家酒，还吟谢客诗。偶然成一醉，此外更何之。"），而是寻茶、找水、问道。

移家虽带郭，野径入桑麻。

近种篱边菊，秋来未著花。

扣门无犬吠，欲去问西家。

报道山中去，归时每日斜。

皇甫冉也有《送陆鸿渐山人采茶》，可为佐证。

千峰待逋客，香茗复丛生。
采摘知深处，烟霞羡独行。
幽期山寺远，野饭石泉清。
寂寂燃灯夜，相思一磬声。

资料显示，唐代长江中下游地区成为茶叶中心。《膳夫经手录》载："今关西、山东，闾阎村落皆吃之，累日不食犹得，不得一日无茶。"中原和西北少数民族地区都嗜茶成俗，南方茶的生产随之空前蓬勃。尤其是与北方交通便利的江南、淮南道茶区，茶业繁荣。唐代中叶，湖州紫笋和常州阳羡茶成为贡茶，茶叶生产和技术中心转移至长江中游和下游茶区，江南道的茶叶生产极一时之盛。史料记载，安徽祁门周围，千里之内，各地种茶，山无遗土，业于茶者十之七八。同时由于贡茶设置在江南，大大促进了江南制茶技术的提高，也带动了全国各茶区的生产和发展。由《茶经》和唐代其他文献记载来看，这时期茶叶产区已遍及今之四川、陕西、湖北、云南、广西、贵州、湖南、广东、福建、江西、浙江、江苏、安徽、河南十四省区，与中国近代茶区规模相当。从清晰标注有"贞观十道"和"开元十五道"的唐代疆域图看，"八大茶区"分布甚广。曾见一张《唐代茶区分布图》，与后来的江北茶区、江南茶区、西南茶区和华南茶区高度重合。

仅从记详略判知，陆羽重点考察过山南、淮南、浙西、剑南、浙东五道，对这些茶区的茶叶品质作了"上、次、下、又下"四等级分类，认为峡州、光州、湖州、彭州、越州产的茶为上品，具体至郡县：山南道产区生长于远安、宜都、夷陵三县山谷中的峡州茶；淮南道产区生长于光山县黄头港的光州茶；浙西道产区生长于长城县的顾渚山谷中的湖州茶；剑南道产区生长于九陇县马鞍山至德寺、堋口的彭州茶；浙东道产区生长于余姚县瀑布泉岭的大叶越州茶。

什么是好茶，各有标准。及至当代，也是如此。

卷下

九之略

【原文】

其造具：若方春禁火^①之时，于野寺山园丛手而掇，乃蒸，乃舂，乃拍，以火干之，则棨、扑、焙、贯、棚、穿、育等七事皆废。

【译文】

制茶工具：如果恰逢春季寒食节，在野外的寺庙或山间茶园，所有人动手采摘，就地蒸熟、舂捣，用火烘干，可以省略棨、扑、焙、贯、棚、穿、育等七种工具。

【注释】

① 禁火：寒食节，古时民间习俗。即在清明前一二日禁火三天，吃冷食。

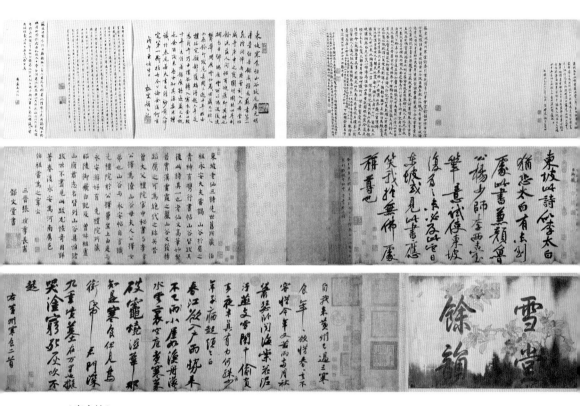

《寒食帖》。

北宋苏轼作品，又名《黄州寒食诗帖》《黄州寒食帖》。横34.2厘米，纵18.9厘米，行书十七行，共一百二十九字，台北故宫博物院藏。苏轼作于被贬黄州第三年的寒食节，抒发内心惆怅孤独的情感。《寒食帖》在书法史上被称为"天下第二行书"。

寒食节在清明节前一两日，节时禁烟火，只吃冷食，因而被称为寒食节。寒食节的习俗前后绵延两千余年，曾是中国民间的第一大祭日。

【原文】

其煮器：若松间石上可坐，则具列废。用槁薪、鼎鑙之属，则风炉、灰承、炭挝、火筴、交床等废。若瞰泉临涧，则水方、涤方、漉水囊废。若五人已下，茶可末而精者，则罗废。若援藟跻岩^①，引絙入洞^②，于山口炙而末之，或纸包、盒贮，则碾、拂末等废。既瓢、碗、筴、札、熟盂、鹾簋悉以一筥盛之，则都篮废。但城邑之中，王公之门，二十四器阙一，则茶废矣。

【译文】

煮茶器具：如果松林里有石头可以放置茶具，可以省略具列。如果用干柴、鼎锅等煮茶，可以省略风炉、灰承、炭挝、火筴、交床等。如果在泉水边或溪流旁煮茶，可以省略水方、涤方、漉水囊。如果饮茶人数不足五人，茶叶可以碾成精细的粉末，可以省略罗合。如果靠藤条攀援上山，拉着绳子进入山洞煮茶，可以先在山下烘烤好茶饼并碾成茶末，用纸包好或者用茶盒装好，可以省略碾、拂末等。如果瓢、碗、筴、札、熟盂、鹾簋全部装在筥里，可以省略都篮。但在城市之中，王公贵族的家里，煮茶的二十四器缺一不可。如果缺了一件，就没法饮茶了。

【注释】

① 援藟（lěi）跻（jī）岩：抓住藤条，攀岩而上。 藟，藤蔓。 跻，登、升。② 引縆（gēng）入洞：拉着粗大的绳子进入山洞。 縆，同"绠"，粗大的绳索。

御茶壶道中。

—

日本，栗田口桂羽绘。"御茶壶奉献祭"源于丰臣秀吉举办的北野大茶会。此后，日本每年十二月一日在北野天满宫举办"献茶祭"。茶叶采收后事先封入茶壶中保存，此时再将茶壶口开封，故被称为"口切式"。参与奉献祭仪式的茶师们来自木幡、宇治、菟道、伏见桃山、小仓、八幡、京都、山城等地，皆为宇治茶产地的知名茶师与茶道

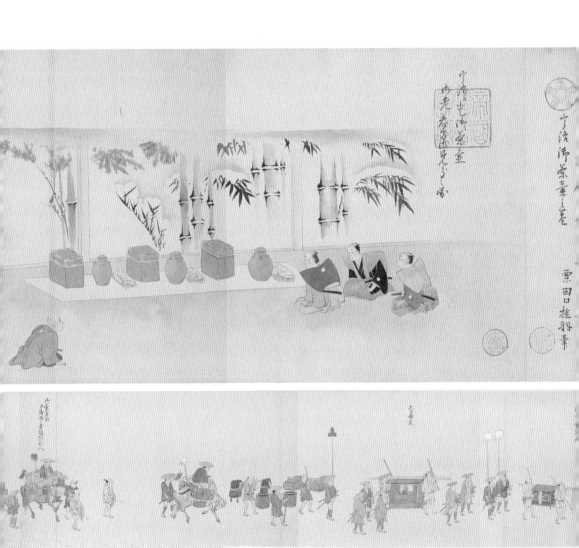

名门。茶师各自将精选好茶放入大茶壶内，将茶壶装在唐柜里，由两位身穿白衣的青年扛着走，每个地区的役夫前方还会安排一位"茶娘"。随从多达一百余人，将唐柜运往北里天满宫后，由神官在神前行过被襖，将茶壶上贴着的封条切开，取出放在里面的茶叶供奉在神前，即开始茶会。

【述评】

"之略"篇讲在特定条件下，繁复的十多种采制工具和二十多种饮茶器具，可以精简省用。省略之，更方便。

如果恰逢春季寒食节，在郊野寺庙或山间茶园，所有人动手采摘，就地蒸熟、舂捣，用火烘干，可以省略棨、扑、焙、贯、棚、穿、育等七种工具。

如果松林里有石头可以放置茶具，可以省略具列。如果用干柴、鼎锅等煮茶，可以省略风炉、灰承、炭挝、火筴、交床等。如果在泉水边或溪流旁煮茶，可以省略水方、涤方、漉水囊。如果饮茶人数不足五人，茶叶可以碾成精细的粉末，可以省略罗合。如果靠藤条攀援上山，拉着绳子进入山洞煮茶，可以先在山下烘烤好茶饼并碾成茶末，用纸包好或者用茶盒装好，可以省略碾、拂末等。如果瓢、碗、筴、札、熟盂、鹾簋全部装在筥里，可以省略都篮。

在山林，在水边，灵活运用茶具，因地制宜，减省不必要的工具，顺应自然，符合茶道。"但城邑之中，王公之门，二十四器阙一，则茶废矣。"在城市，王公贵族的家里，煮茶的二十四器缺一不可。如果缺了一件，就没法饮茶了。

这是什么道理呢？

体会茶道。缺茶器不饮茶，是"茶废"，还是"茶道废"？

茶道，是饮茶的美感之道。现存文献对茶道的最早记载，是唐代《封氏闻见记》："茶道大行，王公朝士无不饮者。"通过沏茶、赏茶、闻茶、饮茶等和美仪式，周全礼数、陶冶情操、去除杂念、洗心修德，是一种沟通天地人神的生活艺术，一种以茶为媒的生活礼仪、以茶修身的生活方式。

中国茶道兴于唐，盛于宋、明，衰于清。从陆羽"茶有九难"（造、别、器、火、水、炙、末、煮、饮）生发，经过宋代"三点"（新茶、甘泉、洁器为一，天气好为一，风流儒雅、气味相投的佳客为一）与反之"三不点"，明代"十三宜"（无事、佳客、独坐、咏诗、挥翰、徜徉、睡起、宿醒、清供、精舍、会心、鉴赏、文僮）与"七禁忌"（不如法、恶具、主客不韵、冠裳苛礼、荤肴杂味、忙冗、壁间案头多恶趣）……讲究至今，已有"十三式""八式"等茶艺，白鹭沐浴、乌龙入宫、悬壶高冲、关公巡城、韩信点兵……五花八门，道器分离，倒不如大道至简，烧水泡茶，熟能生巧，岂不快哉！古今互参，泡茶贵在动手，饮茶贵在动口，评茶贵在动心，只要不懒，所谓"天人合一"，也只是一种感觉罢了，阴阳协调、大道至简、道法自然也没那么复杂。毕竟，器物即道，日用即道，一切心造，简繁自便，自然就好。茶器亦如仪式，当省用则省用，当铺排还得铺排。

《秋山萧寺图》。

纽约大都会艺术博物馆藏。全卷以水墨为主，图绘群山溪岸与飞瀑，景色壮观，布局变化错落有致。

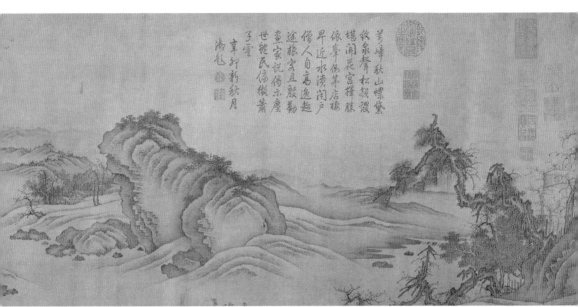

萬峰秋山螺黛
紋泉聲松頻颯
塘閒花宮禪膝
依峯倚茅店橋
早近水溪閒戶
僧人自高逸趣
逕根宅亘殷勤
畫家說倩示塵
世能民儒微蕭
子雲
辛卯新秋月
湘屺寫

《竹院品古图》。

———

明代，仇英绘。竹造院内竹林前设围屏和画屏，文人雅客群集于庭院内欣赏古物，摆弄饰件。

卷下

十之图

【原文】

以绢素或四幅或六幅，分布写之，陈诸座隅，则茶之源、之具、之造、之器、之煮、之饮、之事、之出、之略，目击而存①，于是《茶经》之始终备焉。

【译文】

用素色绢布四幅或者六幅，抄写本书内容，张挂在座位边，茶之源、之具、之造、之器、之煮、之饮、之事、之出、之略就一目了然。如此这般，《茶经》的内容，从头至尾，全部齐备。

【注释】

①目击而存：看见。击，接触。通常作"目击而道存"，形容悟性极高，只是在人群中看了一眼，不用说话，便知"道"之所在。本章为挂图，即把《茶经》全文写在素绢上挂起来。《四库全书提要》说："其曰图者，乃谓统上九类写绢素张之，非有别图。其类十，其文实九也。"

《乾隆帝写字像》轴。

清代，佚名绘。描绘的是乾隆皇帝在书桌旁起笔写字。清高宗爱新觉罗·弘历（1711—1799），清朝第六位皇帝，定都北京之后的第四位皇帝，年号"乾隆"。

【述评】

"之图"即茶之图，为卷末，指明"目击道存"的使用方法。是提示，是期待，更是寄望。

《茶经》使用方法：用素色绢布四幅或者六幅，抄写本书内容，张挂在座位边，茶之源、之具、之造、之器、之煮、之饮、之事、之出、之略一目了然，"目击而存"。如此这般，《茶经》的内容，从头至尾，全部齐备。

作者一再交代务必"陈诸座隅"的《茶经》，因书写材质"绢素"之"素"，尾篇如同黄石公《素书》流布咒语，提示其郑重待之。

话说当年，西晋王室衰微，天下大乱，有人盗掘汉留侯张良之墓，在头下的玉枕中发现了《素书》，全书一千三百三十六字。秘戒："不许将此书传与不道、不神、不圣、不贤之人；如果所传非人者，必将受其殃祸；如果有合适的人而不传者，也必定要受其殃祸。"

"素"字本身是未经加工的本色丝织品之意。但在这里却是指"道之本色"，展示的是天道原本的样子，揭示的是世界运转的根本规律。拥有《素书》，必将成为人中之龙一统天下。张良凭借《素书》，辅佐刘邦灭秦，成就大汉霸业。

作为世界上第一部茶书，也是中国茶学的开山之作，《茶经》自问世之日起便深远地影响着中国乃至世界。一是传抄本和刊刻本众多，至民国时期流通版本六十余种，现存最早版本为宋代《百川学海》本，常见的有《四库全书》本、《学津讨原》本，独立刊本有明代柯双华竟陵本、汤显祖《别本茶经》本，清代仪鸿堂本，民国西塔寺常乐刻《陆子茶经》本等。二是世界各语种译本和相关研究遍布欧美日韩东南亚诸地区，深刻影响与启发了日本茶道、韩国茶礼等各国家和地区的茶文化。三是始终引领中国茶学纵深、茶业发展,《茶经》以降,《茶谱》(五代毛文锡)、《补茶经》(宋代周绛)、《茶录》(宋代蔡襄)、《大观茶论》(宋徽宗赵佶)、《茶谱》(明代朱权)、《茶经》(明代张谦德)、《续茶经》(清代陆廷灿)等专著先后问世,也有译注与评述本推陈出新,如吴觉农、宋一明、沈冬梅、于良子、杜斌等人有评注、述评、编著。近年新书中,老师董桃福《茶之联》"茶经史话"以联证史:诗经在朝,茶经在野,朝野共杯成史话;种茶靠山,泡茶靠水,山水同心孕芳魂。老友周重林《茶之基本》以"茶的秩序"释本义,以"经纪"(茶之经线,安排的意思)之"经"解释《茶经》之"经",以器具规范茶章程,以仪式提升俗世,颇多新意。

自唐代始,无数茶界"张良",也只凭一册《茶经》"经理"茶业,打下多少茶叶江山!

后 记

某年凛冬，雪隐苍山，无为寺唐杉下，以"救疫"泉水煮茶，伊诵《茶经》三五，分汤予我，妙香刻"隽永"，如与陆羽细语轻声。是时风烟俱净，茶器省用，明月将临，起了述评《茶经》的心念，又明钟轻响，归鸟鸣枝，转瞬经年。

很多年以后，当我怀着"信、达、雅"的纯洁愿望，以清通不变、要言不烦译注古籍，一个字一个字地订正先前版本，甚至远追 1273 年（南宋咸淳九年）左圭的《百川学海》本，竟也发现了不少显然的错误。

埋首潜心，揣摩简练之道，恍如古代书生，时光飞逝而我独留。毕竟时代不同，面对唐卷，之乎者也，点读、断章、注音、注释、翻译、述评都是困境，校对也须操心，取义最是磨肝。

春花秋月，案头一灯，我注《茶经》，《茶经》亦注我。家世营茶，我与茶，相看两不厌。我习茶文化，先自诗中来。诚如痖弦所言，"一日诗人，一世诗人"，与唐代的陆羽相比，诗性通，茶性同，不同的只是饮茶方式与时俱进了。明代废团茶、末茶，改造、推行散茶泡法至今，《茶经》记载的饮茶方法成了一项非物质文化遗产，成了一种需要恢复、传承的生活美学。

前言谈及《茶经》的诞生，陆羽是关键。后记一笔，陆羽当然不只是茶学家，他还是唐代重要的诗人（诗作入选《全唐诗》）、表演艺术家（戏班优伶）、编剧、人民的导演（伶正之师）、编辑、专家学者（在文学、史学、茶学、地理和方志诸领域成就斐然）、旅行家、秘书（幕僚）、隐士……一专多能，恃才傲物（相传皇帝征召他为太子文学、太常寺太祝，皆不就职）。

名家身世，不若帝王构诞，却也足够"孟子"："故天将降大任于是人也，必先苦其心志，劳其筋骨，饿其体肤，空乏其身，行拂乱其所为，所以动心忍性，曾益其所不能……"据《新唐书·隐逸传》记载，陆羽"不知所生"，身世飘零，三岁即被智积禅师收养在龙盖寺（今西塔寺）学佛的陆羽，"既长，以《易》自筮，得《蹇》之《渐》，曰：'鸿渐于陆，其羽可用为仪，吉。'乃以陆为姓，名而字之"。又据《文苑英华·陆文学自传》自述"不知何许人"，"有仲宣、孟阳之貌陋，相如、子云之口吃，而为人才辩，为性褊躁，多自用意……"因喜儒家而在寺院与僧人谈孝道，陆羽受尽调教，"历试贱务，扫寺地，洁僧厕，践泥圬墙，负瓦施屋，牧牛一百二十蹄……"天宝元年（742），不堪棍棒教育，陆羽逃离寺庙，投靠了一个走江湖的戏班子，演戏、编剧之余，搜集整理戏剧脚本、民间滑稽故事编写了《谑谈》三篇。天宝五载（746），陆羽结识新调守竟陵的河南尹李齐物而平步青云，被推荐拜在火门山隐士邹夫子门下读书，读了五六年。天宝十一载（752），陆羽与被贬为竟陵司马的礼部郎中崔国辅交游，"相与校定茶、水之品"，临别得赠白驴、乌䍷牛、文槐书套。天宝十四载（755），安史之乱，安禄山在潼关大败唐将哥舒翰，进逼长安，唐玄宗逃到四川，陆羽渡江南行，途中写《四悲诗》——"欲悲天失纲，胡尘蔽上苍。欲悲地失常，烽烟纵虎狼。欲悲民失所，被驱若犬羊。悲盈五湖山失色，梦魂和泪绕西江。"至德二载（757）至无锡，品惠山泉水，结识无锡尉皇甫冉。行至吴兴（今湖州），与和尚皎然（著有《茶诀》、茶诗若干）一见如故，结为"缁素忘年之交"。上元元年（760），陆羽"更隐苕溪，自称桑苎翁，阖门著书"。常独行野中，如"楚狂接舆"，悲歌啸吟；或一叶扁舟往来山寺，终日进山采茶（品鉴长兴顾渚山紫笋茶第一，荐太守作贡品；自此名声大噪京城。皇室在顾渚建"贡茶院"派官督造。唐、宋、元三代相沿六百余年），访泉品水（评定庐山康王谷帘泉第一；吴锡惠山泉第二；蕲州兰溪石下水第三）。诗友们描绘他"太湖东西路，时宿野人家"，"采摘知深处，烟霞羡独行"，"行随新树深，梦隔重江远"，"何山赏春茗，何处弄清泉"，"莫是沧浪子，悠悠一钓船"，"一生为墨客，几世作茶仙"。大历八年（773），陆羽随大理寺少卿卢幼平祭祀会稽山归，受湖州刺史、著名书法家颜真卿之邀，参与编辑、重修三百六十卷之巨的《韵海镜源》，筹建"三癸亭"（颜真卿诗《题杼山癸亭得暮字》有句："欻构三癸亭，实为陆生故。"）。此后，陆羽与好友李纵浏览无锡、苏州，著《游惠山记》。建中三年（782）至贞元二年（786），陆羽客居江西，访茶问水，与孟郊、权德舆、戴叔伦等人交游唱和，多有诗作。贞元五年（789）前后，陆羽先后受荆南节度使裴胄、岭南节度使李复邀请，前往荆南、岭南担任幕僚，考察南昌、广东、广西地区。贞元九年（793），陆羽从岭南往杭州，与灵隐寺道标、宝达禅师饮茶谈禅，后不知所踪，只知死后与妙喜寺僧皎然同葬于湖州乌程杼山，皇甫冉作有《哭陆处士》："从此无期见，柴门对雪开。二毛逢世难，万恨掩泉台。返照空堂夕，孤城吊客回。汉家偏访道，独畏鹤书来。"空山寂寂，野哭无闻，陆子休矣。除了三卷《茶经》，《陆文学自传》言其"自禄山乱中原，为《四悲诗》，刘展窥江淮，作《天之未明赋》，皆见感激当时，行哭涕泗"。所著《君臣契》《源解》《江表四姓谱》《南北人物志》《吴兴历官记》《湖州刺史记》《顾渚山记》《天竺灵隐二寺记》《武林山记》《杼山记》《吴兴记》《教坊录》《游惠山寺记》《占梦》，在当时产生了一定的影响，惜多已佚。与其他文类的务虚不同，《茶经》是及物的、实用的调查报告，是作者言之有物的书写正义，是中国最早的茶叶全书，是关于茶的一切的说明书。

后世有"经翻陆羽，歌记卢仝"的说法，在茶风兴盛的唐代，流传着这样一则故事：一个秋天的早晨，著名诗人、初唐四杰卢照邻之孙卢仝正在书房读书，门人禀报，门外来了一个讨茶的人，想要一杯好茶。不一会儿，一个儒雅的文士走进书房。卢仝问道："我见过讨米讨面的，却从未见过讨茶的，你究竟想做什么？"来人微微一笑，说："我刚才在门口讨了门人的一碗茶，醇香无比，以此推断主人的茶更是不同凡俗，我想试试，不知能否如愿？"卢仝听后一笑，知道遇上了真正的爱茶之人，便煮收藏多年的"玉带茶"。来人细品，连连点头，又从随身携带的都篮中取出一套茶具，问能否用他的茶具来烹煮。得到允许后，来人屏声静气，开始用自带的茶具煮茶，待得茶汤出炉，满屋芳香缭绕，沁人心脾。大惊之下，卢仝请教来人大名，才知正是大名鼎鼎的陆羽。一番谈论，二人相惜，结为兄弟。此后结伴云游，探讨煮茶之道。

这就是后人常常提及的"陆卢遗风"典故。典故中的主人公陆羽和卢仝，前者被称为"茶圣"，后者则有"亚圣"之称。"茶圣"陆羽写出著名的《茶经》，"亚圣"卢仝则以一首《七碗茶歌》（也作《七碗茶诗》）闻名于世，出自《走笔谢孟谏议寄新茶》——

日高丈五睡正浓，军将打门惊周公。

口云谏议送书信，白绢斜封三道印。

开缄宛见谏议面，手阅月团三百片。

闻道新年入山里，蛰虫惊动春风起。

天子须尝阳羡茶，百草不敢先开花。

仁风暗结珠蓓蕾，先春抽出黄金芽。

摘鲜焙芳旋封裹，至精至好且不奢。

至尊之余合王公，何事便到山人家？

柴门反关无俗客，纱帽笼头自煎吃。

碧云引风吹不断，白花浮光凝碗面。

一碗喉吻润，二碗破孤闷。

三碗搜枯肠，惟有文字五千卷。

四碗发轻汗，平生不平事，尽向毛孔散。

五碗肌骨清，六碗通仙灵。

七碗吃不得也，唯觉两腋习习清风生。

蓬莱山，在何处？玉川子乘此清风欲归去。

山上群仙司下土，地位清高隔风雨。

安得知百万亿苍生命，堕在颠崖受辛苦。

便为谏议问苍生，到头还得苏息否？

《七碗茶歌》，逍遥歌也，大意如此：第一碗茶，滋润喉咙和嘴唇；第二碗茶，破开内心的孤闷；第三碗茶，搜肠刮肚，欲写文字五千卷；第四碗茶，开始发汗，平生不平事随汗散去；第五碗茶，洗涤了筋骨，神清气爽；

金农隶书四言茶赞

第六碗茶，心神通灵，与万物齐；第七碗茶，吃不得也吃不得！小心两腋生清风羽化登仙去。哪里是人间仙境蓬莱山？我玉川子，欲乘清风飞向仙境。

贞元二十年（804）前后不确，陆羽逝于湖州；大和九年（835），"高古介僻，所见不凡近"的卢仝，横遭"甘露之变"牵连被杀。"精行俭德"随风去，"醍醐甘露"俱往矣。至此，唐代两位嗜茶的名士先后退出了中国茶业发展的历史舞台，只留佳话在人间，人间又有草木生……

收尾之际，静坐无为，饮茶一杯，如饮江湖，倒也"珍鲜馥烈"，一荡昏寐。无端想起宋代隐逸杭州西湖梅山的诗人林和靖，他的两句茶诗，适合抄在这里，以为尾声——

世间绝品人难识，
闲对茶经忆古人。

不如吃茶去！

大喜奉上
壬寅年秋，于云南